農地法許可事務の要点解説

弁護士 **宮﨑直己** 著

新日本法規

は　し　が　き

　農地に関する法的な問題には多種多様なものがあります。本書はそのうち、許可を受けるための申請を契機として、その後の審査、処分の決定、取消し、不服申立て、行政訴訟などの法律問題を取り上げます。

　日々の業務を行う中で何らかの法的問題が生じた場合、それを正しく解決するためには、前提として正確な法律知識が必要となります。本書は、法律専門用語の持つ意味または定義を正確に解説した上で、農地法、民法および行政法に関する体系的知識を読者に提供します。

　ただ、本書は教科書ではありませんから、すべての論点について広く浅く解説することは最初から意図していません。また、本書がテーマとする問題を理解するために必ずしも必要といえない知識は、人体に例えれば、いわば「余分な筋肉」ということもできます。このようなものは、貴重な時間を割いて学ぶ必要性は薄いということができます。

　さらに、農地法に関係する法令や国の通知の内容は、現代においては簡単に検索して知ることができます。そのような事務的情報は、極力割愛するようにしました。

　本書を日頃から手元に置いて参照し、仮に何か疑問点が生じた場合はさらに詳細な専門書に当たって調べることによって、正しい問題解決に至ることができると確信します。

　以上、本書は、農地法許可事務を担当する自治体職員の方々にとって有益であるのみならず、一方で、許可申請者の側に立って日々活動される方々にとっても実益のある内容となっています。

　最後に、本書の出版に当たっては、新日本法規出版株式会社企画部の小倉俊彦氏と西垣祥子氏にお世話になりました。お二人に対し深く感謝を申し上げます。

令和4年初冬

弁護士　宮﨑直己

凡　例

1　法令等（五十音順）

本書では、本文中に使用される法令名等については、原則としてフルネームを使用したが、参照法令等（本文中（　）で表示してある法令等）は、次の略称を用いた。

法	農地法	中間	農地中間管理事業の推進に関する法律
令	農地法施行令	農委	農業委員会等に関する法律
規	農地法施行規則		
運用通知	「農地法の運用について」の制定について	農振	農業振興地域の整備に関する法律
行審	行政不服審査法	農振規	農業振興地域の整備に関する法律施行規則
行訴	行政事件訴訟法		
行手	行政手続法	不登	不動産登記法
憲	日本国憲法	民	民法
自治	地方自治法	民執	民事執行法
事務処理要領	農地法関係事務処理要領の制定について	民執規	民事執行規則
		民訴	民事訴訟法
処理基準	農地法関係事務に係る処理基準について	民調	民事調停法
地公	地方公務員法		

2　判例集・雑誌

判例の引用に当たっては、次の略記法を用いた。

本文中の判例……那覇地方裁判所平成20年3月11日判決、判例時報2056号56頁＝那覇地裁平成20年3月11日判決（判時2056・56）
参照判例（本文中に（　）で表示してある判例）……最高裁判所平成27年3月3日判決、最高裁判所民事判例集69巻2号143頁＝最判平27・3・3民集69・2・143

判時	判例時報	裁判集民	最高裁判所裁判集民事
判タ	判例タイムズ	訟月	訟務月報
家月	家庭裁判月報	判自	判例地方自治
下民	下級裁判所民事裁判例集	民集	最高裁判所民事判例集
行集	行政事件裁判例集	民録	大審院民事判決録
金法	金融法務事情		

参考文献略語表 (編・著者名五十音順)

○石田穣「物権法」→石田

○宇賀克也「行政法概説Ⅰ行政法総論（第7版）」→宇賀総論

○宇賀克也「行政法概説Ⅱ行政救済法（第6版）」→宇賀救済

○宇賀克也「行政法概説Ⅲ行政組織法・公務員法・公物法（第3版)」
　→宇賀組織

○宇賀克也「地方自治法概説（第9版）」→宇賀自治

○大橋洋一「行政法Ⅰ現代行政過程論（第4版）」→大橋総論

○大橋洋一「行政法Ⅱ現代行政救済論（第3版）」→大橋救済

○行政管理研究センター編「逐条解説行政手続法(27年改訂版)」→逐条
　行手

○行政管理研究センター編「逐条解説行政不服審査法（新政省令対応
　版)」→逐条行審

○幸良秋夫「新訂設問解説　判決による登記」→幸良

○塩野宏「行政法Ⅰ（第6版）行政法総論」→塩野総論

○塩野宏「行政法Ⅱ（第6版）行政救済法」→塩野救済

○塩野宏「行政法Ⅲ（第5版）行政組織法」→塩野組織

○四宮和夫・能見善久「民法総則（第9版）」→四宮

○全国農業会議所「農地法の解説（改訂3版）」→解説

○堂薗幹一郎ほか「一問一答　新しい相続法」→堂薗

○中田裕康「契約法新版」→中田

○中野貞一郎ほか「新民事訴訟法講義（第3版）」→民訴講義

○中原茂樹「基本行政法（第3版）」→中原

○平野哲郎「実践民事執行法・民事保全法（第3版）」→実践民事執行

○平野裕之「債権各論Ⅰ」→平野

○藤田宙靖「行政法総論」→藤田総論

○藤田宙靖「行政組織法（第2版）」→藤田組織

○松尾弘「物権法改正を読む」→松尾

○山野目章夫「民法概論1 民法総則（第2版）」→山野目総則

○山野目章夫「民法概論2 物権法」→山野目物権

○我妻榮ほか「親族法・相続法（第4版）」→我妻

目　　次

第1章　許可の申請

1　基本用語の説明

2　3条の許可申請手続

第2章　3条許可の対象

1　3条の規制

第3章　行政指導と申請に対する審査

第4章　3条の処分

1　3条2項の許可要件

2　3条3項の特例的許可要件

3　3条5項・6項その他

第5章　4条・5条の処分

1　転用の許可申請手続

第6章　その他の処分・行政争訟

第 1 章

許可の申請

2

1

1　基本用語の説明

(1)　農地法における処分の態様　　　　　　　　［111］

ア　申請に対する処分　　本書は、農地法（以下「法」と省略することがある。）を根拠として行われる処分をめぐる法律問題について解説を試みるものである。

　農地法において、処分（行政処分）を契機として法的な問題が生ずる場面はいろいろある。そもそも、行政庁が処分を出す前提として、（ⅰ）申請者による申請が必要となる場合と、（ⅱ）申請を前提とすることなく行政庁がその一方的判断に従って処分を行う場合に分けることができる。

　行政手続法の表現に倣えば、前者は「申請に対する処分」の問題であり、後者は「不利益処分」のそれとなる。

イ　双方申請　　前者に属するものの代表的な例として、法3条、法4条、法5条および法18条を挙げることができる。これらのうち、3条と5条は、許可処分に伴って農地の権利について設定または移転の効果が生じるものであり、申請に当たっては、双方当事者の存在が予定されている［⇒241参照］。

○法3条1項本文　「農地又は採草放牧地について（・・・）権利を設定し、若しくは移転する場合には、政令で定めるところにより、当事者が農業委員会の許可を受けなければならない。」
○法5条1項本文　「農地を農地以外のものにするため（・・・）には、当事者が都道府県知事等の許可を受けなければならない。」

ウ　単独申請　　他方、法4条については、許可処分を行っても当事者間で農地の権利について設定または移転の効果が生じるということがないため、必然的に単独申請となる。また、法18条についても、農地の賃貸借の解除、解約申入れ等をしようとする者は賃貸借契約の一方当事者であるから、やはり原則として、単独申請となる［⇒611参照］。

○法4条1項本文　「農地を農地以外のものにする者は、都道府県知事（・・・）の許可を受けなければならない。」
○法18条1項本文　「農地又は採草放牧地の賃貸借の当事者は、（・・・）政令で定めるところにより都道府県知事の許可を受けなければ、賃貸借の解除をし（・・・）てはならない。」

エ　申請に基づかない処分　　一方、農地法には、行政庁が処分を行うに当たり、申請という概念がそもそも存在せず、行政庁による一方的判断に基づいて処分が行われる場合がある。その代表例は、法51条に基づく原状回復命令である。

○法51条1項柱書　「都道府県知事等は、政令で定めるところにより、次の各号のいずれかに該当する者（・・・）に対して、（・・・）原状回復その他違反を是正するため必要な措置（・・・）を講ずべきことを命ずることができる。」

○法42条1項　「市町村長は、第32条第1項各号のいずれかに該当する農地における病害虫の発生、土石その他これに類するものの堆積その他政令で定める事由により、（・・・）当該農地の所有者等に対し、（・・・）必要な措置（・・・）を講ずべきことを命ずることができる。」（注）

　（注）　政令で定める事由
　　農地法施行令29条は、法42条1項の政令で定める事由として、「農作物の生育に支障を及ぼすおそれのある鳥獣又は草木の生息又は生育」、「地割れ」および「土壌の汚染」の3つをあげている。

(2)　行政機関と行政主体　　　　　［112］

ア　許可事務の流れ　　農地法に基づく処分には多様なものがあるが、現実に問題とされるものの多くは、許可申請を契機として発生するといってよい。許可権者は、申請者から許可の申請を受けた後、法令および審査基準を参考にして許否の判断を行う。その後、仮に申請者が不許可処分を受けた場合、行政不服申立てや行政訴訟を提起することによって処分の見直しを要求することもできる［⇒631参照］。

　本書は、主に許可申請を契機として生ずる法律問題について、以下のとおり簡明な解説を行うこととする。処分権限を有する行政庁（実務上は、「**許可権者**」と呼ばれることが多い。）が許否の判断をするに当たっては、当然のことであるが、恣意的判断を行うことは許されない。

そのため、行政手続法5条は、審査基準を定め、かつ、これを公にしておくことを義務付けている［⇒115参照］。

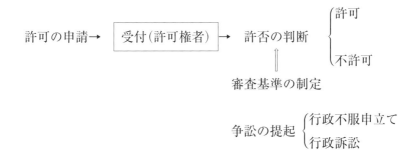

イ　国家権力の分立　　農地法に基づく処分について考察を始める前に、国家権力についてその基本を再確認する。国家の権力は3つの作用に区分されると考えられる。行政権（憲65条以下）、立法権（同41条以下）そして司法権（同76条以下）の3つである。そして、**行政法**とは、広く行政に関する法を指すと捉えられる（宇賀総論1頁）。行政法は、さらに組織法、作用法および救済法の3つの類型に分けることが可能である。(注1)

　　　　　　｛組織法　　行政組織に関する法律（例　国家行政組織法）
　　行政法 ｛作用法　　農地法、都市計画法、道路法、河川法等
　　　　　　｛救済法　　行政不服審査法、行政事件訴訟法等

ウ　行政機関の意味　　農地法を根拠とする処分について検討する前に、その基本となる重要概念について再確認する。

　　まず**行政機関**とは、国、地方公共団体等の行政主体のためにその手足となって行動する単位をいう（宇賀組織25頁）。ただし、行政機関に

は2つの異なった概念がある。ひとつは、行政主体のためにその意思を決定し、それを外部に表示する権限を持つ**行政庁**を中心とし、その周辺に位置して行政庁を補助する、あるいはその諮問に応じるなどの役割を果たす機関を指す。これは**作用法的行政機関**といわれる。

　行政機関の概念には別の意味もあり、これは**事務配分的行政機関**と呼ばれる（宇賀組織33頁）。行政機関を所掌事務の観点から捉えるものである。例えば、我が国の農林水産行政は、農林水産省という国の行政機関が担当する。

$$
\text{行政機関の概念}
\begin{cases}
\text{作用法的行政機関}
\begin{cases}
\text{行政庁}\\
\text{補助機関}\\
\text{諮問機関ほか}
\end{cases}\\
\text{事務配分的行政機関}
\end{cases}
$$

エ　作用法的行政機関　　　以下、作用法的行政機関について述べる。先に触れたとおり、行政主体のために意思を決定・表示できる行政機関として行政庁がある。行政庁が、行政処分を行った結果、処分の相手方との間に行政上の権利・義務が発生する場合が多くみられる。その権利・義務は、**行政主体**（国、都道府県、市町村等）に帰属する。（注2）

　また、行政機関の中には**補助機関**というものもある。例えば、法51条に基づき、A県知事Bが、県民Dに対し、同人によって違法に非農地化された土地について原状回復命令を発出するのが相当であると考え、農地課長Cに指示して行政処分である原状回復命令を出した場合、A県は行政主体であり、知事Bは行政庁であり、知事Bの下で処分発動の具体的事務を担った農地課長Cは補助機関となる。

　知事Bが上記の命令を出しているのは、自分個人のためではなく、

行政主体（地方公共団体）であるA県のためである。その結果、A県は、県民Dに対し、原状回復命令で示された措置を講ずるよう求める行政上の権利を有し、他方、県民Dは講ずるべき義務を負う。

　原状回復命令が発出された後に、仮に知事Bが任期満了で知事の職を退任したとしても、当然のことではあるが、一度行われた行政行為（原状回復命令）の効果が失われることはない（藤田組織30頁）。

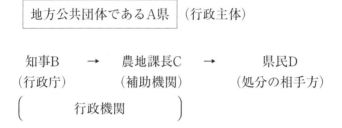

　その他、行政庁の諮問に応じて答申をする機関としての**諮問機関**がある。さらに、警察官、消防士等のように相手方に対し、直接実力を行使する権限を持つ機関もあり、これらは**執行機関**といわれる（ただし、地方自治法上の行政事務を管理執行する権限を持つ「執行機関」という概念とは別物である。）。

（注1）　**法律の留保**

　　法律の留保とは、ある行政活動を行うに当たり、事前にその根拠が法律で定められていなければならないとする原則である（宇賀総論32頁）。これをどう理解するかについては諸説あるが、国民の権利を制限し、または義務を課する行政作用については、法律の根拠を必要とすると説く**侵害留保説**が実務上の多数説といえる（同35頁）。

（注2）　**農業委員会**

　　農業委員会は、地方公共団体である市町村の一執行機関である（自治138条の4第1項・180条の5第3項）。農業委員会は、市町村に置かれなければならない委員会である（自治180条の5第3項）。そして、農業委

員会の設置根拠と組織については、別途、個別根拠法である農業委員会等に関する法律（以下「農委法」という。）がこれを定める（農委6条）。農業委員会は、委員（**農業委員**）をもって組織されるが（農委4条1項）、農業委員を任命するのは市町村長である（農委8条1項）。また、農業委員会は、農地利用最適化推進委員（以下「**推進委員**」という。）を委嘱しなければならない（農委17条1項）。農業委員または推進委員は、いずれも非常勤であり（農委4条2項・18条1項）、また、地方公務員法上は特別職とされている（地公3条3項）。地方公共団体の執行機関としての性格を持つ農業委員会は、地方公共団体の事務を自らの判断と責任において管理執行する義務を負う機関である（自治138条の2）。したがって、農業委員会は、地方公共団体の意思を決定し、それを外部に表示する権限がある。その意味で、行政庁と同義といえよう（宇賀自治301頁）。例えば、A市農業委員会が行った処分から生ずる効果（権利・義務）は、地方公共団体であるA市に帰属する。なお、農業委員の会議を**総会**と呼ぶが（農委27条1項）、農業委員会は、総会以外に**部会**を置くことができる（農委16条1項）。部会の所掌に属する事項については、部会の議決をもって農業委員会の決定とされる（農委28条1項）。総会または部会を開催するための定足数は、現に在任する委員の過半数とされ（農委27条3項・28条4項）、議決についても出席委員の同じく過半数とされている（農委30条）。

(3)　法　令　　　　　　　　　　　　　　　　　　　　[113]

ア　**法令の意味**　　**法令**とは、法律、法律に基づく命令、条例および地方公共団体の執行機関の規則をいう（行手2条1号。ここでいう**命令**とは、法源〈法の存在形式〉としての命令であり、行政処分としての性格を持つ命令とは異なる。）。

例えば、内閣が制定する**政令**、各省大臣が制定する**省令**、外局機関の**規則**、独立機関の規則などが命令に当たる。命令には、行政主体と国民との関係において権利・義務に関する効力が認められている。い

わゆる**外部的効果**があり、これらは**法規命令**と呼ばれることがある。

　ただし、行政機関が命令を制定しようとする場合、法律の根拠が必要となる。憲法41条は、「国会は、国権の最高機関であって、国の唯一の立法機関である。」と定めていることから、命令については、法律の委任に基づくものまたは法律を執行するものに限定されると解される。

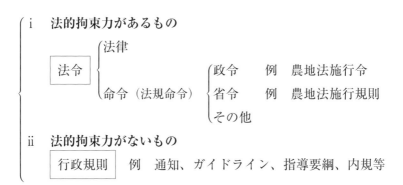

i　**法的拘束力があるもの**

法令

法律

命令（法規命令）

政令　　例　農地法施行令

省令　　例　農地法施行規則

その他

ii　**法的拘束力がないもの**

行政規則　　例　通知、ガイドライン、指導要綱、内規等

イ　**法令の効力**　　このように法律に根拠を有する命令（法規命令）は、行政機関、裁判所、国民などを法的に拘束し、裁判においては裁判の基準となる。つまり、法律に準じる地位を有する（大橋総論139頁）。

　法規命令の一例として、法3条1項に定められた場合がある。同項は、農地の権利設定・移転について、原則として農業委員会の許可を要求しつつ、同項ただし書に該当する場合は例外とする（許可は不要となる。）。そして、同項16号には、「その他農林水産省令で定める場合」と規定されている。この場合は、農地法の委任による命令（農林水産省令）の定めるところにより、法3条の許可が不要となる。なお、法令という用語は、法律および命令（法規命令）の意味で使用されることが多い（宇賀総論8頁）。

(4)　行政規則　　　　　　　　　　　　　　　　　　　　　　［114］

ア　行政規則の効力　　**行政規則**は、行政機関が定立する定めであるが、国民の権利・義務に関係する法規としての性質はない。いわゆる外部的効果がないため、行政規則については、法律の根拠を要することなく行政機関において自由にこれを定立することができる（通説）。

イ　行政規則の種類　　行政規則には、①一般市民社会とは別個の特殊な**部分社会の内部規律**（例　大学の学則、公立図書館の利用規則等）、②上級行政機関から下級行政機関に対して出される法令の**解釈基準**（例　通知、通達、ガイドライン等）、③行政庁が処分を行う際に基準となる**裁量基準**（例　行政手続法上の審査基準・処分基準）、④地方公共団体の首長が業者などに対して行政指導を行う際に用いる基準としての**指導要綱**、⑤補助金を給付する際の**給付規則**（法律の根拠に基づかない補助金の支給を定めた補助金交付要綱）などがある（塩野総論112頁）。（**注**）

```
                  ⎧ 部分社会の内部規律
                  ⎪ 解釈基準
                  ⎪              ⎧ 審査基準（処分についての裁量基準）
  行政規則  ⎨ 裁量基準 ⎨
                  ⎪              ⎩ 処分基準（不利益処分についての裁量基準）
                  ⎪ 指導要綱
                  ⎩ 給付規則
```

　（注）　部分社会

　　部分社会とは、一般市民社会とは異なった自律性が認められる特殊

な社会を指す。その組織内においては、一般市民法秩序と直接関係しない限度で組織内部の自立性と秩序を維持するための規則を制定する権能が認められている。代表例として、地方議会や大学が挙げられることが多い（宇賀総論43頁）。最高裁の判例によれば、法律に特別の根拠規定がなくても、大学において設置目的を達成するために必要な事項を学則などで制定し、これによって、在学する学生の権利義務に関する規律を定めることが可能であるとされている（最判昭49・7・19民集28・5・790）。ただし、市民法秩序に直接関係する紛争については裁判所の司法審査が及ぶとされる。例えば、専攻科目の単位認定にかかわる紛争は、裁判所において違法または適法の判断を下すことができる（最判昭52・3・15民集31・2・234）。

(5)　審査基準の制定　　　　　　　　　　　　　　　　　　　[115]

ア　**審査基準の制定**　　許可申請に対する審査の場面において用いられる裁量基準としての性格を有する審査基準（および処分基準）は、本来であれば、処分権限を有する行政庁（処分庁）が独自に立案すべきものである。

　つまり、行政庁の属する地方公共団体は、その置かれた地理的状況、気候、風土、歴史、人口規模の大小など地域の特性に応じ、最も適切と考え得る裁量基準を考案した上で、それを審査基準（または処分基準）として成文化し、かつ、公表（または公表の努力を）する必要がある。このように、農地法に基づく許可申請についての許否の判断は、その審査基準によって行う［⇒322参照］。

　ここで、4ヘクタール以下の農地転用を取り上げる。この場合、許可権者は都道府県知事である（自治事務。ただし、農林水産大臣が指定する市町村の区域内にあっては、許可権者は当該市町村の長である。これを

「**指定市町村**」という（法4条1項本文）。仮にある者Aが、自己所有の農地1ヘクタールを転用しようとし、当該農地の所在するB県知事に対し、法4条に基づく転用許可申請を行ったとする。この場合、B県知事は、同人の属する地方公共団体で制定した審査基準に従って当該申請を審査することになる。

イ　おかしな現実　　ところが、現実には、国が本来果たすべき役割にかかる事務に該当しない自治事務についても、農林水産省は、例えば、「農地法の運用について」（平成21・12・11　21経営4530号・21農振1598号。以下「**運用通知**」という。）を制定し、その内容を地方自治体に通知している。この通知は、同通知に明記されているとおり、地方自治法245条の4第1項の**技術的助言**にすぎず、地方公共団体を法的に拘束する効力はない。

　したがって、地方公共団体としては、同通知を参考として審査基準を制定しようとする場合であっても、その中で採用すべき内容とそうでない不合理（不相当）なものを取捨選択し、前者のみを自らの地方公共団体の審査基準として取り入れれば足りる。

　ところが、現実には、少なからぬ地方公共団体においては、農林水産省が出している「拘束力なき通知」に無条件で従おうとする態度を示していると聞く。このような姿勢は地方自治尊重の観点から疑問がある。(注1)(注2)

　　(注1)　技術的助言

　　　　地方自治法245条の4第1項は、各大臣または都道府県知事その他の都道府県の執行機関は、担任する事務に関し、地方公共団体に対し、普通地方公共団体の事務（自治事務および法定受託事務）の運営その他の事項について、適切と認める技術的な助言または勧告をすること

ができるとしている（技術的助言または勧告）。ここでいう「技術的」という用語については、主観的判断または意思が入らないという意味とされている（宇賀自治430頁）。助言・勧告は事実上の行為であって、これに応じるか否かは地方公共団体の判断に委ねられる。あたかも行政機関から私人に対する行政指導に匹敵するものと捉えることができる（塩野組織264頁）。

（注2）　**農林水産省農村振興局長通知の問題点**

　農林水産省は、令和4年3月31日、農村振興局長の名前で「農地転用許可事務の適正化及び簡素化について」という通知（3農振第3013号。以下「**転用許可事務通知**」という。）を出した事実がある。それによれば、まず、「審査基準の取扱いについて」という見出しの項目があり、そこでは、行政手続法5条の審査基準の策定について一般論を述べた上、次のようにいう。（審査基準）「の内容はあくまでも法令の規定の解釈として許容される範囲内のものであることが必要であること」、「この点、農地転用許可基準は、農地法、農地法施行令（・・・）及び農地法施行規則（・・・）で定められており、さらに、その具体的な運用に係る法令の解釈、手続等については、「農地法関係事務に係る処理基準について」（・・・）その他の関係通知により定められているところであるが、農地転用許可権限を有する地方公共団体において審査基準を定めるに当たっては、それらの規定に即した内容を定めるよう留意すること。」とある。しかし、一部におかしい箇所がある。確かに、後記するとおり、第1号法定受託事務については、国が本来果たすべき役割にかかる事務であることから、国において処理基準を定め、地方公共団体が行う事務処理に関し処理基準に即した内容とするよう要請することが認められる。しかし、第2号法定受託事務または自治事務については、そのように考える根拠が見当たらない。また、前記のとおり、農林水産省が発する通知・通達は、地方公共団体を法的に拘束する効力を持たない。したがって、上記通知のいう「それらの規定」とは、法令に限定されると解するほかない［⇒321・322参照］。

(6)　自治事務と法定受託事務　　　　　　　　　　　[116]

ア　**自治事務と法定受託事務**　　ところで、地方公共団体が処理すべき事務には、自治事務と法定受託事務がある（自治2条9項）。**自治事務**は、地方公共団体が処理する事務のうち、法定受託事務以外の事務をいう（自治2条8項）。

　次に、**法定受託事務**は2つの種類に分けられる。都道府県、市町村または特別区が処理することとされる事務のうち、国が本来果たすべき役割にかかるものを**第1号法定受託事務**といい、同じく、市町村または特別区が処理することとされている事務のうち、都道府県が本来果たすべき役割にかかるものを**第2号法定受託事務**という（自治2条9項）。

イ　**処理基準の制定**　　法定受託事務は、国（第1号法定受託事務の場合）または都道府県（第2号法定受託事務の場合）が、本来果たすべき役割にかかる事務であることから、国（制定権者は各大臣）または都道府県（制定権者は、原則として都道府県知事）は、処理するに当たりよるべき基準を定めることが認められている（自治245条の9第1項・第2項）。これが一般的に処理基準といわれるものである。それに加え、各大臣は、特に必要があると認めるときは、市町村の第1号法定受託事務についても処理するに当たりよるべき基準を定めることができる（自治245条の9第3項。これも処理基準である。）。

　これらの規定を根拠として、農林水産大臣は、「農地法関係事務に係る処理基準について」（平成12・6・1　12構改B404号。以下「**処理基準**」という。）を制定し、地方公共団体の長に対し通知している。

ウ　**処理基準の内容と効力**　　一般論として考えた場合、各大臣が定める処理基準の内容は、通常は解釈基準であるが、裁量基準であること

もある（塩野組織266頁）。

　農林水産大臣が定めた処理基準によれば、例えば、市町村の第1号法定受託事務である農地法3条1項許可処分について、区分地上権等の設定等の場合の許可基準を掲げ、許可処分が可能となるための要件を定めている。しかし、処理基準は、法的に対等・協力の関係にある行政主体に対して示されるものであり、また、それ自体は法令ではないから、地方公共団体において、これを尊重することは認められてもよいが、これに法的に拘束される理由はない（塩野組織245頁）。

　ただし、各大臣は、処理基準に反した事務処理がされていると認めるときは、当該都道府県に対し、是正の指示をすることがある（自治245条の7第1項。塩野組織269頁）。

エ　是正の指示　　地方自治法245条の7第4項は、各大臣は、その所管する法律またはこれに基づく政令にかかる市町村の第1号法定受託事務の処理が法令の規定に違反していると認める場合、または著しく適正を欠き、かつ、明らかに公益を害していると認める場合において、緊急を要するときその他特に必要があると認めるときは、自ら当該市町村に対し、当該第1号法定受託事務の処理について違反の是正または改善のため講ずべき措置に関し、必要な指示（**是正の指示**）をすることができると定める。

　このように、地方自治法上、特に市町村に対して是正の指示を出すための要件は相当厳しく定められている。そして、法3条1項許可事務（耕作目的の農地の権利設定・移転の許可事務）は、第1号法定受託事務に該当する（法63条1項柱書）。

　ところが、農地法は、その58条1項で、「農林水産大臣は、この法律の目的を達成するため特に必要があると認めるときは、（・・・）農業

委員会の事務（・・・）の処理に関し、農業委員会に対し、必要な指示を出すことができる。」と定める。この条文は、「法律の目的を達成するため」という無限定ともいい得る概念を持ち出しており、地方自治法の定める上記原則に抵触する疑いがある。

2　3条の許可申請手続

(1)　許可の申請　　　　　　　　　　　　　　　　　　[121]

ア　はじめに　　これから具体的に農地法の定める許可事務について
解説を始めるが、その前に、この法律について印象を一言述べる。現
行法は、これを建物に例えれば、増築に増築を重ねた築70年を超える
古い旅館のようなものである。そのため、今や内部（条文）の一部が迷
路のような構造となっていて非常に使い勝手が悪い。早晩、抜本的改
正が必要となろう。

イ　法3条許可手続の概略　　法3条1項許可を行うための手続は、以下
の図のとおりである。

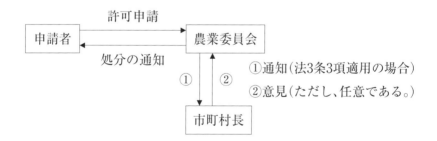

ウ　申　請　　農業委員会が法3条1項の許可処分を行うに当たって
は、その前提として、許可を受けたいと考える者（許可申請者）から、
許可権者に対し許可を求める行為を行う必要がある。これは**申請**と呼
ばれる。

　この点について、行政手続法2条3号は、申請の定義について、「法令

に基づき、行政庁の許可、認可、免許その他の自己に対し何らかの利益を付与する処分（以下「許認可等」という。）を求める行為であって、当該行為に対して行政庁が諾否の応答をすべきこととされているものをいう。」と規定する。

エ　**法令に基づくもの**　　ここでいう申請に当たるためには、申請が、法令に基づいて行われることが必要である［⇒113参照］。したがって、都道府県知事、農業委員会のような行政機関が定めた内規・要綱（行政規則）を根拠とする申請は、ここでいう申請には当たらない。

　他方、法3条1項の許可を求める申請は、その根拠が農地法という法律にあることから、法令に基づく申請となる。

　また、自己に対し何らかの利益を付与する処分を求める行為でなければならない。したがって、第三者に対する処分や**一般処分**（不特定多数人に対し具体的権利の制限を及ぼすものを指す。）を求めるものは、ここでいう申請から除外される（逐条行手22頁）。

オ　**申請権の存在**　　さらに、申請に当たるためには、当該行為に対して行政庁が諾否の応答をすべきこととされていることも必要である。すなわち、申請人の側に法令上の**申請権**が認められていることが必要となる。ただし、法令上の申請権が認められているか否かの判断は、個別法の解釈に委ねられると解される（塩野総論317頁、逐条行手24頁）。

　法3条の場合、同条1項本文で「当事者が農業委員会の許可を受けなければならない」と定めているので、行政庁である農業委員会において、（申請に対し）許否の応答をしなければならない。よって、法令上の申請権があることは明白である。

(2)　許可申請によって生ずる審査開始・応答義務　　　　　［122］

ア　**審査開始・応答義務**　　行政手続法7条は、「行政庁は、申請がその

事務所に到達したときは遅滞なく当該申請の審査を開始しなければならず、かつ、申請書の記載事項に不備がないこと、申請書に必要な書類が添付されていること、申請をすることができる期間内にされたものであることその他の法令に定められた申請の形式上の要件に適合しない申請については、速やかに、申請をした者（以下「申請者」という。）に対し相当の期間を定めて当該申請の補正を求め、又は当該申請により求められた許認可等を拒否しなければならない。」と定める（**審査開始・応答義務**）。

　許可権者としては、申請者に法令上の申請権がある限り、出された申請に対し審査を行い、かつ、応答する義務があることは当然のことである。しかし、過去の時代には、許可権者において、申請書を受理しない、審査を保留する、申請書を返戻するなどの不適法な行為が日常的に生じていた。行政手続法は、そのような間違った行政運営を排除する目的で制定されたものである（塩野総論319頁）。

［申請の提出・到達］

$$
審査開始
\begin{cases}
\text{i} & 形式上の要件に適合しないもの \\
& \begin{cases} 補正を求める \\ 却下処分（不許可処分） \end{cases} \\
\text{ii} & 形式上の要件に適合するもの \\
& 許否の判断を行う \\
& \begin{cases} 許可処分 \\ 不許可処分 \end{cases}
\end{cases}
$$

イ　審査開始・応答義務の発生時期　　審査義務は、申請が、行政庁の事務所（出先機関も含まれる。）に到達した時点で当然に発生する。ここで「到達した」とは、申請が事務所（文書受付業務を担当する部局）に物理的に到達し、申請が了知可能の状態に置かれた時点を意味する。したがって、行政庁において、例えば、受付印を申請書に押印するなどの措置は特に必要ではないと解される（逐条行手144頁）。

　なお、例えば農地転用許可の権限は、原則として都道府県知事が有しているが、法律上、経由機関である市町村農業委員会に対し農地転用許可申請書を提出するものとされている［⇒514参照］。このような場合、両者は、別個の独立した行政機関であることから、都道府県知事の審査開始義務は、市町村農業委員会から都道府県に送付された時に発生すると解される（同149頁）。(注)

　　(注)　受　理
　　　行政実務においては、現在でも受理という言葉が時折使われることがある。しかし、行政手続法上、**受理**という概念は存在しない。したがって、許可権者である行政庁が申請を受理しないという状態は、同法上は、審査の懈怠を意味することになる（塩野総論320頁）。なお、実定法上、「受理」という用語が使用されていることがあるが（例　自治257条1項）、申立ての到達の意味であると解される（宇賀総論458頁）。

(3)　許否の判断　　　　　　　　　　　　　　　　　　　[123]

ア　行政処分　　法3条1項の許可（または不許可）は、**行政処分**（処分）と呼ばれる。行政処分の定義について、最高裁は、「行政庁の法令に基づく行為のすべてを意味するものではなく、公権力の主体たる国または公共団体が行う行為のうち、その行為によって、直接国民の権利義務を形成しまたはその範囲を確定することが法律上認められているもの」をいうと定義している（最判昭39・10・29民集18・8・1809）。

イ　行政裁量　　行政庁は、申請者から出された申請に対しては、法令の定めに従って許否の判断を行えば足りる。その場合、単に申請の内容を、法律、政令、規則等の文言に照らせば、容易に許可または不許可の判断が可能という場合もあるかもしれない（**羈束処分**）。しかし多くの場合、処分の要件を定めた条文の文言は、抽象的に定められていることが少なくないため、的確な判断をすることは必ずしも容易ではない。

　そこで、立法機関である国会が法律を制定するに際し、行政機関（行政庁）に対し、処分時における行政判断の余地を認めることがあり、これを通常、**行政裁量**という。そして、行政裁量権を行使して行われた処分を**裁量処分**という。

ウ　**行政裁量**が認められる根拠　　このように、法律自体において行政裁量権が認められる根拠について、有力説は、①教育に関する専門的判断の尊重、②政治的判断の尊重、③科学技術に関する専門組織による判断の尊重、④全国一律の基準を定めることが適当でなく地域の特性・地域住民の意見を尊重する必要がある場合を挙げる（宇賀総論352頁）。

エ　**裁量基準**　　**裁量基準**とは、行政庁が裁量処分を行うに当たり、あらかじめその行使の基準を定めるものである。裁量基準は、法令で明記されていることもあると思われるが、多くの場合は、行政規則として存在すると考えられる［⇒321イ参照］。

　そして、裁量基準が、申請者から提出された申請について許否の決定をする際の基準として使われる場合は審査基準という形で現れ［⇒322参照］、一方、相手方に対して不利益処分を課する場面では処分基準という形をとることになる［⇒323参照］。

第 2 章

3条許可の対象

2

1　3条の規制

(1)　法3条1項本文　　　　　　　　　　　　　　　　　［211］

ア　法3条の趣旨　　法3条1項本文は、「農地又は採草放牧地について所有権を移転し、又は地上権、永小作権、質権、使用貸借による権利、賃借権若しくはその他の使用及び収益を目的とする権利を設定し、若しくは移転する場合には、政令で定めるところにより、当事者が農業委員会の許可を受けなければならない。」と定める。

　同条の趣旨については、例えば、資産保有の目的などのような耕作を目的としない農地取得は好ましくないものであり、そのような好ましくない権利移動を制限し、農地が効率的に利用されるという目的を実現するため、耕作者による地域との調和に配慮した権利取得を促進することを目指したものであると一般に解されている（解説29頁）。

イ　農業委員会の許可　　上記の条文は、当事者が、農地について上記権利の設定または移転を受けようとする場合に、**農業委員会の許可**を受けることを要求している。しかし、どのような目的をもって権利の設定・移転を行う場合に法3条許可が必要となるのか、という点については特に定めていない。ただ、転用する目的で農地の権利の設定・移転を行う場合については、別途法5条が置かれている。そのことから、転用目的の農地の権利設定・移動の場合は、法3条許可の対象から除外されることとなる（法3条1項ただし書）。

　なお、**採草放牧地**とは、農地以外の土地で主として耕作または養畜の事業のための採草または家畜の放牧の目的に供される土地をいう（法2条1項）。これについても農地とほぼ同様の規制が及ぶとされているが、現実の事例が極めて少ないことから、以降説明を省略する。

(2)　農地の定義　　　　　　　　　　　　　　　　　　　[212]

　農地とは　　法3条は、対象となる土地が、農地または採草放牧地（以下「**農地等**」という。）の場合に初めて適用が認められる。したがって、対象となる土地が、農地等以外の土地である場合は、規制の対象とならない。そこで、対象となる土地が、果たして農地法上の農地等に当たるのか否かという点が重要な問題となる。

　農地の定義について、法2条1項は、「この法律で『農地』とは、耕作の目的に供される土地をいい」と定める。農地法が示す農地の定義は以上のとおりであるが、国が定めた処理基準によれば［⇒116イ参照］、同法のいう「**耕作**」とは、「土地に労費を加え肥培管理を行って作物を栽培すること」をいうとされている（処理基準第1(1)）。

　また、「**耕作の目的に供される土地**」には、「現に耕作されている土地のほか、現在は耕作されていなくても耕作しようとすればいつでも耕作できるような、すなわち、客観的に見てその現状が耕作の目的に供されるものと認められる土地（休耕地、不耕作地等）も含まれる」としている（処理基準第1(1)）。すなわち、ある土地が、それに対し労費を加え肥培管理を行って作物を栽培することが可能と認定できるのであれば、その土地は農地法上の農地に該当することになる。

(3)　世帯合算　　　　　　　　　　　　　　　　　　　　[213]

　世帯合算の意味　　農地について権利設定または移転を求める個人から申請が出た場合、当該申請について審査が行われるが、中には当該申請人個人を超えた一定の範囲の者の事情が審査対象に含まれることがある。審査対象に含まれる者を**世帯員等**という（法2条2項）。(注)

　例えば、許可要件の1つである法3条2項1号は、「所有権（・・・）を取得しようとする者又はその世帯員等の耕作（・・・）の事業に必要

な機械の所有の状況、農作業に従事する者の数等からみて」と定める。ここでは、所有権を取得しようとする者のみに絞って同号の定める要件を満たしているか否かを判断するのではなく、その他に同人の世帯員等の労働事情なども考慮して許否の判断を行うよう求めている（このような取扱いを**世帯合算**という。）。

（注）　世帯員等の範囲

　　法2条2項によれば、世帯員等とは、住居および生計を一にする親族を指す（ただし、2親等内の親族が行う農業の従事者を含む。）。例えば、農業経営者A、その妻B、子である長男Cおよび次男Dの4人家族の場合、仮にAが農地の所有権を他人から譲り受けようとする場合、B、C、DはAの世帯員等に該当する。つまり、許可申請者（譲受人）はA1人であっても、他の3人の労働力も考慮することができる。では、長男Cが、就学のために遠方の農業大学に現に在学し、自宅では生活していない場合はどうか。このような場合は、法2条2項かっこ書（「次に掲げる事由により一時的に住居又は生計を異にしている親族を含む。」）の適用があり、就学中の長男Cも、依然として住居および生計を一にする親族という取扱いが許される。つまり、世帯合算の対象となる。他方、農業大学に在学している長男Cが、自己名義で農地の所有権を取得しようとして法3条許可申請をした場合、他の家族であるA、B、Dを世帯合算の対象とすることはできないと解される。なぜなら、法2条2項柱書の条文は、農地の権利を取得しようとする者を基準に適用の可否を判断するものとされているからである。権利を取得しようとする長男Cからみて、遠方に居住するA、B、Dはいずれも法2条2項かっこ書が適用されるための要件を欠く。この場合は、長男C個人について、法3条許可を受けるための耕作者要件が満たされているか否かが審査され、結論的には不許可となる。

（4）　法3条の構造 [214]

　条文の構造　　法3条は、農地法の全条文の中で最も重要なものということができる。同条は、以下のような複雑な構造となっている。

1項本文　　　　一般的禁止（「許可を受けなければならない」）
　　　　　　　　　⇒　許可を受けることで禁止が解除される。
1項ただし書　　許可除外（「・・・の場合は、この限りでない」）
　　　　　　　　　⇒　許可を受ける必要がない。
2項本文　　　　許可要件（「許可は、・・・場合には、することができない」）。2項各号の要件に1つでも該当すると、許可することができない（消極的許可要件）。
2項ただし書　　例外的許可（「・・・するとき、並びに・・・に掲げる場合において政令で定める相当の事由があるときは、この限りでない」）。
　　　　　　　　　⇒　例外的に許可をすることができる。
3項　　　　　　許可をすることができる（「・・・次に掲げる要件の全てを満たすときは、2項2号・4号の規定にかかわらず、・・・許可をすることができる」）。
　　　　　　　　　⇒　3項各号の全ての要件に該当すると、許可をすることができる。

（5）　法3条1項 [215]

ア　一般的禁止　　法3条1項本文は、農地等について権利の設定・移転をしようとする場合、農業委員会の許可を受けなければならないと定める（法律による一般的禁止）。そして、当該規制の実効性を確保するために、違反者に対し、法は刑罰を適用するとしている（法64条1号）。

その一般的禁止は、法3条1項許可を受けた者については解除されることになる（当然、刑罰を科されることもなくなる。）。

　禁止が解除されれば、国民が本来有している農地等について権利の設定・移転をする自由が回復する。このような効果を持つ処分を講学上、**許可**と呼ぶ。ここで留意すべき点は、法3条の許可は、単に、許可の性質を持つにとどまらず、後記のとおり、講学上の**認可**の効力も有する〔⇒432ア参照〕。

イ　許可除外　　上記原則の例外として、法3条1項ただし書は、1項各号（1号から16号まで）のいずれかに該当する場合および法5条1項本文に規定する場合は、「この限りでない」と定める。したがって、以下に示すとおり、**法3条1項各号**に該当すれば、同条の許可を受ける必要がない（いわゆる**許可除外**である。）。

農地法3条1項各号（主なものを掲げる）

3号	法37条から40条までの規定によって、農地中間管理権が設定される場合
4号	法41条の規定によって、同条1項に規定する利用権が設定される場合
5号	法3条1項本文に掲げられた権利（以下本表に限り「権利」という。）を取得する者が国または都道府県である場合
7号	農地中間管理事業の推進に関する法律（以下「**中間管理法**」という。）18条7項の規定による公告があった農用地利用集積等促進計画の定めるところによって、同条1項の権利が設定・移転される場合
10号	民事調停法による農事調停によって、権利が設定・移転される場合（**注1**）

12号	遺産分割、財産分与に関する裁判・調停または相続財産の分与に関する裁判によって、権利が設定・移転される場合 **(注2) (注3)**
13号	農地中間管理機構が、農業委員会に届け出て、農業経営基盤強化促進法（「**基盤強化法**」）7条1号に掲げる事業の実施により権利を取得する場合
14号の2	農地中間管理機構が、農業委員会に届け出て、農地中間管理事業の実施により農地中間管理権または経営受託権を取得する場合
16号	その他農林水産省令で定める場合

（注1）　農事調停

　農事調停は、全部で8つの種類がある民事調停のうちの一類型である。農事調停は、農地または農業経営に付随する土地、建物その他の農業用資産の貸借その他の利用関係の紛争に関する調停事件である（民調25条）。管轄裁判所は、紛争の目的である農地等の所在地を管轄する**地方裁判所**である（民調26条）。ただし、当事者が、合意で農地等の所在地を管轄する簡易裁判所を定めたときは、当該簡易裁判所が管轄裁判所となる（同条）。調停申立書の記載事項は、①申立書の作成年月日、②裁判所の表示、③申立人および相手方の表示（署名または記名押印）、④申立ての趣旨（申立人が調停で解決を求めようとする結論）、⑤紛争の要点である（民調4条の2第2項）。そして、調停期日に紛争解決について当事者間に合意が成立し、これを調書に記載したとき、調停が成立したものとして事件は終了する（民調16条）。なお、民事調停法28条は、「調停委員会は、調停をしようとするときは、**小作官又は小作主事の意見を聴かなければならない。**」と定める。これは、農地法を運用する行政機関の意見を確認するための規定と解される。上記のとおり、調停調書が作成されると、**裁判上の和解**と同一の効力を持つ（民調16条）。そして、当該和解は、確定判決と同一の効力を有する（民訴267条）。確定判決の効力として、①既判力、②執行力、③形成力の3つのものがあるとされている（民訴講義491頁）。

（注2）　遺産分割

　相続が開始すると、相続人が1人の場合を除き、遺産の共有状態が生じる（民898条）。つまり、遺産は複数の相続人の共有に属する状態に置かれる。この遺産共有の状態を解消し、各相続人の相続分に応じて遺産を分配する手続が**遺産分割**である（我妻286頁）。遺産分割の対象となるのは相続財産であるが、相続開始時に被相続人が有していた可分債権（例　交通事故による損害賠償請求権）は、原則として法定相続分に応じて当然に分割される。つまり、各相続人が権利を承継取得する（最判昭29・4・8民集8・4・819）。次に、遺産分割の基準であるが、被相続人（遺言者）が遺言で指定した場合、指定どおりに分割する必要がある（**指定分割**。民908条1項）。ただし、相続人全員の合意がある場合は、遺言者の指定に拘束されずに自由に分割できると解するのが多数説である。その指定がない場合は、相続人全員の協議で分割する（**協議分割**。民907条1項）。協議がまとまらない場合は、各相続人は、その分割を家庭裁判所に請求することができる（民907条2項）。そして、家庭裁判所における遺産分割は、調停による分割（**調停分割**）と**審判分割**に分かれる。

（注3）　財産分与

　民法768条1項は、「協議上の離婚をした者の一方は、相手方に対して財産の分与を請求することができる。」と定める。これが**財産分与**である。また、**相続財産の分与**は、相続人不存在の場面における家庭裁判所による特別縁故者への財産分与という意味である（民958条の2第1項）。なお、財産分与を認めるか否かは、家庭裁判所の判断による（特別縁故者に、財産分与を求める権利があるわけではない。）。

(6)　法3条2項　　　　　　　　　　　　　　　　　　[216]

ア　2項各号の不許可事由　　農業委員会が法3条の許可を行うか否かの判断をする場合、同条2項本文は、その各号（1号から6号まで）のいず

れかに該当する場合には、許可をすることができないと定める［⇒412参照］。

　一般論として、許可処分を行うための要件を定めるに当たって、許可を行うための要件を積極的に列挙する場合（積極的許可要件）と、同項のように不許可となる要件を列挙する場合（消極的許可要件）に大別される。農地法3条の許可は、後者の形式を採用していることから、仮に各号に列挙された要件のいずれかに該当する場合、許可処分を行うことができない。

　仮に許可処分を行った場合、当該処分は**瑕疵ある処分**となって、処分を行った許可権者自身において当該処分を取り消すことができる（**職権取消し**。［⇒433参照］）。さらに、処分を受けた者からの申立てによる審査請求などの方法を通じて処分が見直されることもある［⇒632参照］。

イ　不許可要件のいずれにも当たらない場合　　申請の内容が、法が明示する不許可要件のいずれにも該当しない場合、許可権者は、必ず許可処分を行うべきであるといえるか。その点については若干の議論がある。

　これについては、原則として許可をすべきであるが、仮にそれを許可することが農地法の目的その他農地法全体の趣旨に明らかに反すると認められる場合には、許可をしないことも許されるという立場がある（解説72頁）。

　しかし、この立場には疑問がある。現行農地法は、立法の趣旨を踏まえて制定され、また、国は、これまで同法を幾度となく改正するなどの対応を行っており、現行法が定める許可要件が、明らかに不十分ないし不適切なものであると解する根拠は薄いと考える。

　このように、現状では許可ができない場合の要件が過不足なく明示されていると考えられる以上、不許可要件のいずれにも当たらない申請については許可する以外にないと解する。(**注1**)

ウ　原則の例外（許可をすることができる場合）　　上記原則の例外として、**法3条2項ただし書に記載された事由のいずれかに該当する場合**は、「この限りでない」と定められているため、法3条1項の許可をすることができる。この中には、上記法3条2項1号、2号および4号の本来的不許可事由について、特に政令で定める相当の事由がある場合が含まれている。

　なお、これらに該当する場合は、許可が不要となるという意味ではなく、依然として法3条1項の許可を受ける必要がある。

農地法3条2項ただし書

民法269条の2第1項の区分地上権を設定・移転する場合［⇒225ウ参照］
農業協同組合法10条2項に規定する事業を行う農業協同組合または農業協同組合連合会が、農地等の所有者から同項の委託を受けることにより所有権、地上権、永小作権、質権、使用貸借による権利、賃借権またはその他の使用収益権が取得されることとなるとき
農業協同組合法11条の50第1項1号に掲げる場合において、農業協同組合または農業協同組合連合会が、使用貸借による権利または賃借権を取得するとき
法3条2項1号、2号および4号に掲げる場合において、政令で定める相当の事由があるとき（**注2**）

　（注1）　**参考判例**
　　この問題については、参考となる最高裁の判例がある。農地法は、

昭和27年に制定されたが、それ以前の旧農地調整法の時代、旧農地委員会が農地賃貸借の設定を求める耕作変更届について承認を拒んだ事件があり、最高裁は、「農地に関する賃借権の設定移転は本来個人の自由契約に委せられていた事項であって、法律が小作権保護の必要上これに制限を加え、その効力を承認にかからせているのは、結局個人の自由の制限であり、法律が承認について客観的な基準を定めていない場合でも、法律の目的に必要な限度においてのみ行政庁も承認を拒むことができるのであって、農地調整法の趣旨に反して承認を与えないのは違法であるといわなければならない。換言すれば、承認するかしないかは農地委員会の自由な裁量に委せられているのではない。」と判示した（最判昭31・4・13民集10・4・397）。この判例は、客観的基準がない場合において、法の制定目的（立法目的）に反する不許可処分は違法であると判示している。行政法学者の分析によれば、この判例は、要件裁量（処分発動要件の充足について行政庁が最終的認定権を持つという考え方）を否定する見解（美濃部説）に従ったものであるとされている（塩野総論141頁、宇賀総論353頁）。現行農地法の場合、不許可とされる場合の客観的基準が明文で置かれているのであるから、その基準から離れて不許可とすれば、原則として違法となると解する。

（注2）　政令で定める相当の事由

　不許可の例外となる相当の事由については、農地法施行令2条に規定が置かれている。

(7)　法3条3項　　　　　　　　　　　　　　　　　　　　　　　　［217］

　法3条3項の特則　　上記基本原則の例外として、**法3条3項柱書**は、農地等について使用貸借による権利または賃借権を設定しようとする場合に限り、同項各号の示す全ての要件に該当する場合は、同条2項2号および4号の適用を除外した上、同条1項の許可をすることができると定める［⇒421ウ参照］。

　そして、同項各号とは、契約に書面による解除特約条項が付されていること（1号）、権利取得者において継続的・安定的な農業経営を行う見込みがあること（2号）、権利取得者が法人である場合は、会社の役員等が耕作等の事業に常時従事すると認められること（3号）、の3点である［⇒422参照］。

2　3条の規制対象となる権利

(1)　権利の種類　　　　　　　　　　　　　　　　　　　　　　　　　[221]

　法3条の規制対象となる権利を示すと、次のようになる。なお、それぞれの権利内容に関する詳しい説明は後述する。

　　所有権　　　　　　　　　　　　　　　　　　　移転する行為

　　地上権
　　永小作権
　　質権
　　使用貸借による権利　　　　　　　　　　　　　設定・移転する行為
　　賃借権
　　その他の使用及び収益を目的とする権利

(2)　所有権　　　　　　　　　　　　　　　　　　　　　　　　　　　[222]

ア　**所有権の定義**　　民法206条は、「所有者は、法令の制限内において、自由にその所有物の使用、収益及び処分をする権利を有する。」と定める。**所有権**は、物に対する全面的かつ排他的な支配を内容とする絶対的な権利である（山野目物権181頁）。

　ここでいう排他性とは、同一の物に対する同一の内容の権利が並立することはあり得ないことを意味する。例えば、甲農地に対してAが所有権を有している場合、同時に他人Bが甲農地について所有権を有するという事態は生じない。

イ　土地所有権の及ぶ範囲　　土地所有権の及ぶ範囲について、民法207条は、「土地の所有権は、法令の制限内において、その土地の上下に及ぶ。」と定める。

　土地の所有権については、その公共性の観点から所有権行使の自由が一定の限度で制限される。例えば、農地甲を所有するAは、農地甲を使用・収益することができる。そのため、それを自由に耕作して作物を収穫することができる。

　一方、Aが農地甲を他人に対し自由に譲渡しようとしても、それは認められない。この場合、譲受人が耕作目的の場合は法3条の、また、転用目的の場合は法5条の許可を事前に受ける必要がある。つまり、これらの場合、農地法という法令上の制限が存在する。

　また、土地の所有権は、土地の上下に及ぶとされているが、その範囲には制限が全くないということではなく、行使することに利益が認められる範囲において上下に及ぶという意味である（通説）。

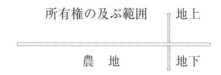

（3）　共　　有　　　　　　　　　　　　　　　　　　　［223］

ア　共有とは　　民法には、所有権の一種である共有に関する規定が定められている（民249条以下）。共有については、下記のとおり多くの問題点がある。なお、所有権以外の財産権（例えば、賃借権がこれに当たる。）を共同で保有する場合を準共有という（民264条）。

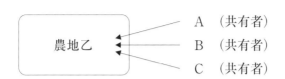

　1つの物を複数の者が共同で所有する状態を民法は**共有**と呼ぶ。例えば、上記の例のように、農地乙をA、BおよびCの3人が共同で所有する場合が共有に当たる（ここでは仮に共有持分は各自3分の1とする。）。この場合、A、BおよびCを**共有者**という。

　共有者は、各自が、共有物の全部についてその持分に応じた使用をすることができる（民249条1項）。民法249条2項は、共有物に対する共有者の使用について、「共有物を使用する共有者は、別段の合意がある場合を除き、他の共有者に対し、自己の持分を超える使用の対価を償還する義務を負う。」と定める。

　上記の例で、共有者のAが、単独で農地乙を使用している場合、3人の間で別段の合意または決定（民252条1項）が行われている場合を除き、Aは、自己の持分を超える使用について、他の共有者であるBおよびCに対し、**償還義務**（不当利得の返還義務）を負う（民249条2項）。

イ　共有物の管理と変更　　**共有物の管理**について、民法252条1項は、「共有物の管理に関する事項（次条第1項に規定する共有物の管理者の選任及び解任を含み、共有物に前条第1項に規定する変更を加えるものを除く。次項において同じ。）は、各共有者の持分の価格に従い、その過半数で決する。共有物を使用する共有者があるときも、同様とする。」と定める。このように民法は、共有物の管理について、共有者の持分の過半数で決定することを原則としている。

　ただし、**共有物の変更**について定めている民法251条1項は、「各共有

者は、他の共有者の同意を得なければ、共有物に変更（その形状又は効用の著しい変更を伴わないものを除く。次項において同じ。）を加えることができない。」と定める。

　例えば、共有農地の転用行為が共有物の変更に当たる（最判平10・3・24判時1641・80）。以上のことから、共有物をめぐる変更・管理行為は、（ⅰ）**変更**（軽微な変更は除かれる。）、（ⅱ）**管理**（軽微な変更および狭義の管理）および（ⅲ）**保存**の3つのものに分けることができる。このように、共有物の形状または効用を著しく変える場合は、共有物の管理ではなく変更に当たるため、共有者全員の同意が必要となる。

　なお、共有物全部の処分（**共有物の処分**）は、共有者全員の持分の処分を意味するから、共有者全員の同意が必要となる（石田385頁）。結果的に、共有物の変更の場合と同じ要件となる（共有者の全員一致）。

共有物の変更・管理・保存行為

行　　為	適法要件	民　法
変更行為（形状・効用の著しい変更を伴うもの）	全員の同意が必要	251条1項
管理行為（形状・効用の著しい変更を伴わないもの＝軽微な変更）	持分価格の過半数の同意が必要	251条1項・252条1項
管理行為（狭義の管理）	同上	252条1項
保存行為	単独で行うことができる	252条5項

ウ　共有農地の賃貸借　　上記の例で、共有者Ａ・Ｂ・Ｃが共有する農地乙を、他人Ｄに賃貸する場合はどうか。この場合、**共有農地の賃貸借**といっても、大きく2つの場合に分けて考察する必要がある。

　第1に、農地法の適用が認められる通常の賃借権を設定する場合、原則として**法定更新**の適用がある［⇒229ウ参照］。つまり、一定の期間内に相手方に対して適法に更新拒絶の通知をしておかないと、契約が更新される（法17条本文）。さらに、更新拒絶の通知を行うに当たっては、事前に都道府県知事の許可を得る必要もあることから（法18条1項本文）、現実的に考えた場合、更新拒絶の通知を行うことは決して容易ではない。さらに、農地の賃貸借は、その登記がなくても、農地の引渡しがあったときは、これをもってその後、農地について物権を取得した第三者に対抗することができるとされている（法16条）。つまり、引渡しに**対抗力**が認められている。したがって、この場合は、むしろ**共有物の処分行為**に近いと考えることも可能であり、そのような立場によれば、共有者全員の同意が必要となると解される。

　この論点についてはいまだ定説がないところ、本書は、次のとおり考える。耕作目的の農地賃貸借の場合、外形的にみれば、共有物である農地についてその形状または効用に著しい変更が加えられるものとは言い難い。しかし、上記のような規制が生じる以上、単なる管理行為（民252条1項）に当たるとするのではなく、民法251条1項の規定（共有物の変更）を類推適用するのが妥当と解する。

　第2に、法37条から40条までの規定によって設定された農地中間管理権にかかる賃貸借および中間管理法18条7項の規定による公告があった農用地利用集積等促進計画によって設定され、または移転された賃借権にかかる賃貸借については、法定更新の適用が除外されている（法17条ただし書）。これらの場合は、いずれも行政処分によって当事者間に賃貸借関係が成立するものとされていることから、個別法の定めるところに従ってこの問題を解釈するほかない。

エ　所在等不明共有者がいる共有地（管理行為・変更行為の場合）　　　共

有者が他の共有者を知ることができず、またはその所在を知ることができない場合、これらを**所在等不明共有者**という（民251条2項）。前者は誰が共有者であるかの特定ができない場合をいい、後者は共有者は特定されているがその所在が不明の場合をいう。

　このような所在等不明共有者がいるときは、共有物の管理において不都合な事態が生ずることがあり得る。そこで、民法252条2項柱書は、「裁判所は、（・・・）当該各号に規定する他の共有者以外の共有者の請求により、当該他の共有者以外の共有者の持分の価格に従い、その過半数で共有物の管理に関する事項を決定することができる旨の裁判をすることができる。」と定める。

　例えば、一筆の農地があり、Ａ・Ｂ・Ｃ・Ｄの4名が共有者であるが（持分は各人平等）、うちＤが行方不明で連絡が取れない場合（同項1号）、上記の裁判が行われれば、所在等不明共有者以外のＡ・Ｂ・Ｃのみで管理に関する事項を過半数の同意をもって決定することができる。

　ただし、前記のとおり、共有物に変更（形状・効用の著しい変更を伴うもの）を加えようとする場合は、他の共有者Ａ・Ｂ・Ｃ全員の同意が必要となる（民251条1項）。例えば、上記農地を自己転用（法4条）しようとする場合、転用後には従前の農地が非農地化されて、形状および効用が著しく変わることになるため、共有物の変更に当たると解される。

　なお、民法252条4項が定める**短期賃貸借**については、一般論として、共有物の管理行為に該当し、持分の過半数の同意で足りると解される（松尾39頁）。例えば、山林の賃貸借を除いた一般の土地の賃貸借については、5年以内の期間のものがそれに該当する（同項2号）。ただし、農地の通常の賃貸借については、仮に5年以内の期間のものであっても、前記のとおり、共有物の変更の規定（民251条1項）が類推適用され

るのではないかと解する余地がある。

オ　所在等不明共有者がいる共有地（処分行為の場合）　　上記のとおり、所在等不明共有者がいる共有地について、民法所定の手続を適法に踏めば裁判所の**裁判**が行われ、結果、共有者の一部の者が所在等不明共有者に該当する場合であっても、その余の共有者の全員一致（共有物の変更の場合）または過半数の同意（共有物の管理の場合）を得ることで、共有物の変更または管理が可能となる。

　しかし、前記のとおり、共有物の処分に当たる行為をする場合は、所在等不明共有者を含めた共有者全員の同意が必要であると解される（山野目物権224頁）。例えば、共有物である農地一筆を他人に譲渡すること、一筆の共有農地に対し制限物権（用益物権および担保物権を指す。）を設定することなどの場合がこれに当たる。

　したがって、例えば共有者A・B・C・Dが共有する農地について、仮にDのみが行方不明で連絡が取れない場合に、上記の裁判手続を経たとしても、Dを除く3名（A・B・C）の合意によって、農地の全体を目的として、区分地上権や抵当権などの制限物権を設定することはできないと解される。

(4)　地上権　　　　　　　　　　　　　　　　　　　　　　[224]

ア　地上権の定義　　民法265条は、「地上権者は、他人の土地において工作物又は竹木を所有するため、その土地を使用する権利を有する。」と定める。地上権の目的物は土地であることから、土地の全体（土地の上下）に及ぶと解される（山野目物権273頁）。

　民法には、この地上権のほかに永小作権（民270条）、地役権（同280条）および入会権（同294条）という権利があり、これらは**用益物権**と呼ばれている。用益物権は、土地を使用・収益することができる権利

である。地上権は物権であるから、土地所有者の同意なく自由にこれ
を譲渡することができる。なお、地上権には、地代を伴うものもあれ
ば、伴わないものもある（民266条）。

イ　工作物または竹木の所有　　地上権は、他人の土地（ここでいう「土
地」には、地上および地下が含まれる。）において工作物または竹木を所
有するための権利である。ここでいう**工作物**とは、例えば、建物、道
路、水路、ガスタンク、トンネル、鉄塔、コンクリート擁壁に囲まれ
た盛土などを指す。また、**竹木**には、林業の対象となるスギ、ヒノキ
等のほか庭木類が該当すると解される（他方、土地を耕作して、稲、麦、
果樹等を栽培する場合は含まれない。）。

　地上権者が、これらの工作物を建設した上でこれを所有するために
は、少なくとも工作物が直接設置される部位の農地は非農地化を免れ
ない。したがって、このような場合は、むしろ農地の転用行為に該当
し、法3条許可の問題とはならない。また、農地上に林業を目的として
植林する場合も、一般的には転用行為に当たると解される。(注)

ウ　地上権の存続期間　　地上権が存続する期間について、その最長
期間を制限する民法上の定めはない。そのため、当事者間の設定行為
で期間を自由に定めることができる。永久の地上権について、戦前の
判例の中にはこれを肯定したものがある（大判明36・11・16民録9・1244）。
また、民法には最短期限に関する定めもない。

　では、設定行為で存続期間を定めなかった場合はどうか。特に慣習
がないときは、裁判所が当事者の請求により、20年以上50年以下の範
囲内で存続期間を定めることができる（民268条2項）。

エ　竹木とは　　民法265条の**竹木**について、多くの民法学説は、ここ
でいう竹木とは、生育する植物の植栽が耕作とはいえないものを指す
という解釈をとる（石田437頁）。したがって、このような考えの下で
は、純粋な耕作目的で農地に地上権を設定することは困難である（こ

れに対し、「竹木」の概念に植栽が耕作といえるものも含まれるという異説をとった場合、コメ、ムギ等の栽培・所有を目的とした地上権の設定も認められ、また、法3条許可も可能となろう。)。

　　(注)　転用を目的とする法3条許可の申請

　　　例えば、Aが所有する農地甲（500平米）の全体に、電気工事業を営む個人Bが太陽光発電設備を設置・所有し、発電事業を展開しようと考えたとする。そして、A・B双方の申請による農地甲について地上権の設定を目的とする法3条許可を求める申請が出た場合、農業委員会は許可をすることができるか。答えは次のとおりである。農業委員会は法3条許可を行う権限があるため、A・Bは、農業委員会に対し、3条許可申請を行うこと自体はできると解される。しかし、許可を受けることはできない。理由は、Bは農業者に該当せず、また、同人が計画する事業は農地甲全体を利用した発電事業であって、転用事業に該当すると判断されるからである。よって、農業委員会は、A・B双方に対し、法5条許可権限を持つ行政庁に対し許可申請を行うよう行政指導ができると解される。ただし、当事者がこれに応じない場合は、申請書を受け付けた上、3条不許可処分（却下処分）をする以外にないと解する。

(5)　区分地上権　　　　　　　　　　　　　　　　　　　　　[225]

ア　区分地上権の定義　　　民法269条の2第1項は、「地下又は空間は、工作物を所有するため、上下の範囲を定めて地上権の目的とすることができる。この場合においては、設定行為で、地上権の行使のためにその土地の使用に制限を加えることができる。」と定める。

　このように、**区分地上権**とは、地下または空間の上下の範囲を定めて設定することができる地上権である。この場合、区分地上権者による空間または地下の使用に支障をもたらさないようにするため、所有者による土地の使用に制限を加えることができる（民269条の2第1項）。

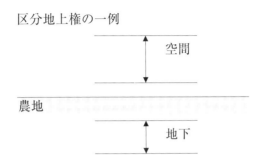

区分地上権の一例

空間

農地

地下

　例えば、農地の所有者Aが現に耕作中の農地の上に、他人Bが（Aの営農継続を前提とする）太陽光パネルとそれを支える支柱を設置する場合、双方の設定行為で、区分地上権者となるBが所有する太陽光パネルの発電機能に支障を与えるおそれのある果樹を、Aが植栽しない旨の制限を定めることができる。(注)

イ　権利者が存在する場合　　民法269条の2第2項は、対象となる土地について、「第三者がその土地の使用又は収益をする権利を有する場合においても、その権利（・・・）を有するすべての者の承諾があるときは、設定することができる。」と定める。例えば、所有者Aが所有する農地甲について、第三者である耕作者Cの賃借権が既に設定されている場合であっても、同人の同意があれば、Aは、区分地上権の設定を受けようとするBとの間で、その設定を行うことが可能となる。

ウ　法3条2項ただし書　　区分地上権の設定・移転については、法3条2項ただし書が、「民法第269条の2第1項の地上権（・・・）が設定され、又は移転されるとき（・・・）は、この限りでない。」と定めていることから、これを許可することができると解される。

エ　区分地上権設定の許可　　前記のとおり、農地法3条2項ただし書

は、仮に申請の内容が同項各号に定める消極的許可要件に該当する場合であっても、ただし書に定められた場合には、例外的に許可することができる旨を定める。

　(注)　**営農継続を前提とする許可申請**

　　Aが所有する農地甲について現に賃借人Cが耕作を行っているところ、農地所有者であるAが太陽光発電設備を設置する場合、設備の設置者はA、営農者はCとなる。この場合、許可申請はどうなるか。農林水産省は、「支柱を立てて営農を継続する太陽光発電設備等についての農地転用許可制度上の取扱いについて」（平成30・5・15　30農振78号　農村振興局長通知（「**太陽光発電設備等通知**」））。それによれば、**営農型発電設備**の下部農地における営農の適切な継続が確保されるようにしなければならないとの考え方から、支柱にかかる農地部分については**一時転用**を行うものとしている。その通知を前提にした場合、Aは、耕作者Cから同意を得た上、支柱について農地法4条の一時転用許可申請をすべきであると解される（なお、A・C間の合意でAの所有権行使に制限を加えることは可能であるが、仮にAに契約違反行為があったとしても、債務不履行による損害賠償義務を負うにとどまる。）。なお、国の通知（令和3・3・22　2経営3388号　農地政策課長通知）は、営農型発電設備の設置について設置者と営農者が異なる場合、支柱部にかかる転用許可と下部の農地に区分地上権を設定するための3条許可を併せて行う必要があると解釈しているが、法的な疑問がある。上記の場合、設置者はA、営農者はCというふうに異なることになるが、この場合、誰と誰の間で区分地上権を設定しようというのか。A・A間の区分地上権設定は、法律論としておよそ認められない（また、Cは賃借権者にすぎず、他人に対し区分地上権を設定する権原を有しない。）。

(6)　永小作権および質権　　　　　　　　　　　　［226］

ア　永小作権　　**永小作権**は、「小作料を支払って他人の土地において

耕作又は牧畜をする権利」である（民270条）。永小作権を有する者を**永小作人**という。永小作権の存続期間は、「20年以上50年以下」とされている（同278条1項）。設定行為で、50年よりも長い期間を定めたときであっても50年に短縮される（同項）。永小作権の期間はこれを更新することができる。ただし、その期間は50年を超えることができない（同278条2項）。なお、永小作権には農地法17条の法定更新の制度は適用されない。

ｲ　**質　権**　質権は担保物権であり、債権を担保することを目的とする。民法342条は、「質権者は、その債権の担保として債務者又は第三者から受け取った物を占有し、かつ、その物について他の債権者に先立って自己の債権の弁済を受ける権利を有する。」と定める。

　上記の条文から、質権には優先弁済的効力があり、また、留置的効力（債権者が弁済を受けるまで物を占有して返還を拒むことができる効力）がある。質権の中でも**不動産質権**は不動産を目的とする（民356条）。つまり、不動産（土地または建物）を質にとることが認められている。不動産質権を設定する場合、目的物を債権者に引き渡す必要がある（同344条）。また、登記が対抗要件とされる（同177条）。

　なお、不動産質権には、担保とされた不動産を使用・収益する権利がある（民356条）。収益的効力の最たるものは**果実**（同88条）を取得することであるが、反面、不動産の管理費用を自ら負担し（同357条）、さらに、被担保債権の利息を請求することも認められない（同358条）。つまり、「利息＋管理費用＝果実」という図式が成り立つ（山野目物権385頁）。

　ただし、不動産である農地を担保にとるためには農地法3条の許可要件を満たす必要があるが、しかし、市中の金融機関が、農地について不動産質権の設定を受けることは通常不可能である。

　また、金融機関がわざわざ農地を担保として取得する必要性もない。

したがって、不動産質権について深く理解する実益はほとんどないということができる。

(7)　使用貸借による権利　　　　　　　　　　　　　[227]

ア　**使用貸借による権利**　　民法593条は、「使用貸借は、当事者の一方がある物を引き渡すことを約し、相手方がその受け取った物について無償で使用及び収益をして契約が終了したときに返還をすることを約することによって、その効力を生ずる。」と定める。

　契約当事者間で**使用貸借契約**を締結した場合、借主に発生する権利が**使用貸借による権利**である。使用貸借は**諾成契約**であり、当事者間の合意のみで成立する（民593条）。ただし、農地の使用貸借の場合、農地法上の許可（法3条または5条許可）を得ることによって効力が生じる。

　使用貸借は**無償契約**である。また、契約で、借主が使用および収益をした後、貸主に目的物を返還することを合意する必要がある（民593条）。

イ　**借主の義務**　　借主は、契約または目的物の性質によって定まった用法に従って使用収益をしなければならない（民594条1項）。これを**用法遵守義務**という。例えば、貸主から水田を借りた者（借主）は、借りた水田を水田として使用収益する義務を負う。水田を勝手に田に変えて耕作するようなことは禁止される。

　また、借主は、貸主の承諾がなければ、第三者に借用物を使用収益させることができない（同条2項）。

　借主が上記の義務に違反したときは、貸主は、契約の解除をすることができる（民594条3項）。その場合、解除に当たって事前の催告は要件とされていない（中田385頁）。

ウ　**費用償還義務**　　民法595条1項は、「借主は、借用物の通常の必要

費を負担する。」と定めるため、**通常の必要費**は借主の自己負担となる。

　通常の必要費とは、通常、借用物の現状を維持ないし保存するために必要となる費用、つまり、補修費、修繕費等を指す。例えば、借家の玄関の蛍光灯が切れた場合、その交換費用は借主の自己負担となる。また、固定資産税などの公租公課も通常の必要費に含まれるとするのが判例である（最判昭36・1・27裁判集民48・179）。

　他方、民法595条2項は、「第583条第2項の規定は、前項の通常の必要費以外の費用について準用する。」と定める。この**特別の必要費**とは、例えば、台風により借家の壁が破損した場合にそれを修繕する費用をいう（中田379頁）。特別の必要費について、仮に借主が負担した場合、借主は、その時から貸主に対し費用の償還を請求することができる（民595条2項・583条2項本文・196条1項）。すると、結果的に貸主負担となる。

　また、**有益費**（物の価値を増加させるための費用）も貸主が負担する（同595条2項・583条2項・196条2項）。例えば、農地に肥料を施す場合の肥料代がこれに当たる。有益費について民法196条2項は、目的物に関し価格の増加が現存する場合に限り、貸主の選択に従い、借主の支出した金額または増加額を、貸主に償還させることができると定める。

$$
費用償還
\begin{cases}
必要費
\begin{cases}
通常の必要費（借主負担）\\
\\
特別の必要費（貸主負担）
\end{cases}\\
有益費（貸主負担）
\end{cases}
$$

エ　使用貸借の終了原因　　使用貸借は無償の契約であるが、期間について、民法は特に規定を置いていない。また、使用貸借が終了する原因として、以下のとおり、通常5つのものが考えられる。

　第1に、期間を定めた場合は、その期間の満了によって終了する（民

597条1項）。例えば、使用貸借の期間が5年と定められていたときは、5年が満了することで使用貸借は終了する。また、期間を定めなかったが使用収益の目的を定めた場合は、借主がその目的に従い使用収益を終えることによって当然に終了する（同条2項）。（注）

　第2に、借主の死亡によって当然に終了する（民597条3項）。一方、貸主が死亡しても使用貸借は終了しない。

　第3に、上記第1の場合において期間の定めがないが、使用収益の目的が定められている場合は、借主がその目的に従って使用収益をするのに足りる期間が経過したとき、貸主は解除権を行使することができる（民598条1項）。

　第4に、当事者が使用貸借の期間および使用収益の目的も定めなかったときは、貸主は、いつでも契約を解除できる（同条2項）。これらの解除を行う場合、貸主から借主に対する催告は不要である。なお、借主は、いつでも契約を解除することができる（同条3項）。

　第5に、借主の債務不履行を原因として、貸主の方から行う解除である。債務不履行による解除のうち、前記民法594条3項の場合、貸主は直ちに解除することができる。例えば、借主が用法遵守義務違反を行ったような場合がこれに当たる（例　貸主は、水田として使用収益する約束で貸したにもかかわらず、借主が勝手に畑にしてしまったような場合）。

　その他の民法541条を根拠とする一般的な解除権行使の場合、解除の前に、貸主（債権者）から借主（債務者）に対する**催告**を行っておくことが原則として必要となる［⇒233イ参照］。

　次に、契約を解除した場合、果たして**遡及効**（遡及的無効）はあると考えられるか。賃貸借の場合は、民法620条の明文があるため遡及効がないことは明らかである［⇒229ア参照］。使用貸借の場合は条文が置かれていないが、契約の性質上、遡及効はないと解される（中田386

頁）。したがって、解除の効果は、将来に向かってのみ発生することに
なる。例えば、解除の前に、使用貸借に基づき、借主が農地を耕作し
て野菜やコメを収穫していた事実があったとしても、それらは解除前
に存在していた正当な権原に基づく収穫物であって、不当利得や不法
行為にはならない（同頁）。

オ　契約終了時の借主の義務　　使用貸借が終了したとき、借主は、以
下の3つの義務を負う（中田381頁）。

借主の負う義務

①返還義務	借用物を返還する義務	民593条
②収去義務	借用物を受け取った後、付属させた物がある場合、これを収去する義務（または権利）	民599条1項・2項
③原状回復義務	借用物に借主の責任で損傷が生じた場合、それを原状に回復する義務	民599条3項

　（注）　期間の計算
　　期間の計算方法については、2つのものがある（山野目総則315頁）。
第1に、自然的計算法による場合である。これは、時、分、秒の単位で
期間を定めた場合に用いられる方法であり、期間は「即時から起算す
る」（民139条）。第2に、暦法的計算法による場合である。民法140条は、
「日、週、月又は年によって期間を定めたときは、期間の初日は、算入
しない。ただし、その期間が午前零時から始まるときは、この限りで
ない。」と定める。また、同141条は、「前条の場合には、期間は、その
末日の終了をもって満了する。」と定める。このように、期間の計算に
おいては、期間が午前零時から始まる場合を除いて初日を算入しない。
このような取扱いを**初日不算入の原則**という。期間を日で定めた場
合、起算日から所定の日数を数え、その最後の日が末日となる。例え
ば、2月1日（13時に契約）から10日間という場合、2月11日（24時）に

　期間が満了する。また、期間を年で定めた場合は暦によって計算する
（民143条1項）。この場合、年の初めから計算しないときは、最後の年
において起算日の応当日の前日が期間の末日になる（同条2項）。例え
ば、令和5年4月1日（13時に契約）に期間3年の使用貸借契約を締結し
た場合、起算日は令和5年4月2日となるため、最後の年である令和8年4
月2日が応当日となり、前日である4月1日（24時）が期間の末日となる。

(8)　賃借権（その1）　　　　　　　　　　　　　　　　　　　　[228]

ア　**賃借権**　　民法601条は、「賃貸借は、当事者の一方がある物の使
用及び収益を相手方にさせることを約し、相手方がこれに対してその
賃料を支払うこと及び引渡しを受けた物を契約が終了したときに返還
することを約することによって、その効力を生ずる。」と定める。

　契約当事者間で**賃貸借契約**を締結した場合、賃借人に発生する権利
が**賃借権**である。賃貸借は、使用貸借と同じく諾成契約であり、当事
者間の合意のみで成立する（民601条）。

　ただし、農地の賃貸借の場合、農地法上の許可（法3条または5条）を
受けることによって効力が生じる［⇒432参照］。一般的に賃貸借の目
的となるのは、物（動産および不動産）である（民601条）。

　賃貸借の存続期間について、民法604条1項は、「賃貸借の存続期間は、
50年を超えることができない。契約でこれより長い期間を定めたとき
であっても、その期間は、50年とする。」と定める。よって、賃貸借の
期間の上限は50年である。期間を更新することは可能であるが、更新
時から50年を超えることができない（民604条2項）。

イ　**賃貸人の義務**　　第1に、賃貸人の義務の主なものは、目的物を賃
借人に使用収益させる義務である（民601条）。

　したがって、例えば、賃貸人Aと賃借人Bが、A所有農地について
耕作目的の賃貸借を締結した場合、契約を締結したのみではBに賃借

権が発生しないため、AはBに対し、農業委員会の3条許可を得るための許可申請手続に協力する義務を負うと解される（**許可申請手続協力義務**。［⇒242エ参照］）。

なお、前記の使用貸借の貸主の場合は、単に目的物を借主に引き渡す義務を負うにとどまり（民593条）、賃貸人のように、賃借人に対し積極的に使用収益させる義務までは負わない。

第2に、賃借人が賃貸人の負担に属する**必要費**を出したときは、直ちに賃貸人に対して償還請求することができる（民608条1項）。賃貸人の負担に属するといえるか否かは、契約解釈の問題となる（中田397頁）。

この点について民法は、上記のとおり、賃貸人には目的物を賃借人に使用収益させる積極的な義務があると定めていることから、賃借人が目的物を使用収益できる状態に置くための費用は、原則として、賃貸人の負担に属すると解する立場が有力といえる（同頁）。

一方、民法606条1項は、「賃貸人は、賃貸物の使用及び収益に必要な修繕をする義務を負う。ただし、賃借人の責めに帰すべき事由によってその修繕が必要となったときは、この限りでない。」と定める。これは、賃貸人の**修繕義務**を定めたものである。

例えば、賃貸借の目的となっている農地（水田）の畦が、水害によって一部が損壊し、耕作に支障を来している場合、賃貸人は、損壊した畦を補修する義務を負う。仮に水害が不可抗力と認められ、双方に帰責事由がないと考えられる場合であっても、賃貸人は修繕義務を負うと解される（平野287頁）。他方、賃借人に帰責事由がある場合は、賃貸人は修繕義務を負わない（民606条1項ただし書）。(注1)

問題となるのは、修繕自体は不可能ではないが、費用対効果に見合わない過大な費用が発生するような場合である。例えば、賃貸農地が台風による大規模水害によって壊滅的な被害を受け、原状回復には莫大な金銭的負担が発生し、現実問題として、経済的には不可能に近い

と考えられるような場合においても賃貸人はなお修繕義務を負うか。

　これに関し民法616条の2は、「賃借物の全部が滅失その他の事由により使用及び収益をすることができなくなった場合には、賃貸借は、これによって終了する。」と定める。したがって、使用収益できなくなった原因が契約当事者のいずれにあっても、賃貸借は終了する（中田429頁）。ただし、当該原因について責任のある当事者は、損害賠償責任を負うと解される。

　このことから、上記の例の場合、賃貸借契約は履行不能となって賃貸人は修繕義務を免れるという結論となる（平野286頁）。

　第3に、賃借人が**有益費**を支出した場合、賃貸人は、賃貸借の終了時において、民法196条2項の規定に従いその償還をしなければならない（民608条2項）。

　民法196条2項の規定によれば、目的物に関し価格の増加が現存する場合に限り、賃貸人の選択に従い、賃借人の支出した金額または増加額を、賃貸人に償還させることができる。ただし、後記のとおり、賃借人は用法遵守義務を負うので（民616条・594条1項）、当該賃貸借の内容に照らし、社会的相当性を欠く過剰な改良費については、賃借人の自己負担になると解される（中田398頁）。

ウ　**賃借人の義務**　　賃借人の義務のうち、契約が存続している段階において中心的なものとなるのは**賃料支払義務**である（民601条）。

　賃料の支払時期について、民法614条は、「賃料は、動産、建物及び宅地については毎月末に、その他の土地については毎年末に、支払わなければならない。ただし、収穫の季節があるものについては、その季節の後に遅滞なく支払わなければならない。」と定める。

　このように、賃料の支払時期は、後払が原則である。しかし、賃貸借契約で特約を付し、前払の合意をすることも許される。**(注2)**

　また、賃借人は、契約または目的物の性質によって定まった使用方

法に従って使用収益しなければならない義務を負う（民616条・594条1項）。これが**用法遵守義務**である。

　その他、賃借人が負う義務として、**賃借権譲渡・転貸の制限**がある。民法612条1項は、「賃借人は、賃貸人の承諾を得なければ、その賃借権を譲り渡し、又は賃借物を転貸することができない。」と定める。

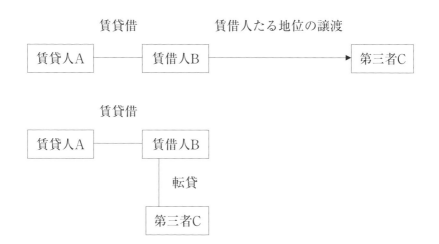

　ここで、仮に賃貸人Aが、賃借人Bによる賃借権の譲渡または転貸に対し同意を与えた場合、果たして農業委員会は、法3条の許可申請に対し許可を行うことができるか。

　農地の転貸については、法3条2項5号によって不許可事由の1つとされているため（**転貸の禁止**。ただし、同号かっこ書の場合を除く。）、許可をすることが原則としてできない［⇒412参照］。

　他方、賃借権の譲渡についてはこれを禁止する条文が見当たらないことから、許可をすることができると解する。

エ　**契約終了時における賃借人の義務**　　賃貸借が終了した時点で賃借人が負う義務としては、次のようなものがある（中田405頁）。

賃借人の負う義務

①返還義務	賃借物を返還する義務	民601条
②収去義務	賃借物を受け取った後、付属させた物がある場合、これを収去する義務（または権利）	民622条、599条1項・2項
③原状回復義務	賃借物に賃借人の責任で損傷が生じた場合、それを原状に回復する義務	民621条（注3）

（注1）　**賃借人による修繕の可否**

　賃借物を修繕することは、本来賃貸人の義務であるから、いきなり賃借人が自ら修繕を行うことはできない。しかし、民法607条の2柱書は、「賃借物の修繕が必要である場合において、次に掲げるときは、賃借人は、その修繕をすることができる。」と定める。第1に、「賃借人が賃貸人に修繕が必要である旨を通知し、又は賃貸人がその旨を知ったにもかかわらず、賃貸人が相当の期間内に必要な修繕をしないとき」であり（同条1号）、第2に、「急迫の事情があるとき」である（同2号）。これらの場合には、賃借人は自ら修繕することができる（結果、賃貸人への必要費または有益費の償還請求につながる。）。

（注2）　**賃料の減額請求等**

　民法609条は、「耕作又は牧畜を目的とする土地の賃借人は、不可抗力によって賃料よりも少ない収益を得たときは、その収益の額に至るまで、賃料の減額を請求することができる。」と定める（**賃料減額請求権**）。また、同610条は、「前条の場合において、同条の賃借人は、不可抗力によって引き続き2年以上賃料より少ない収益を得たときは、契約を解除することができる。」と定める（**契約解除権**）。さらに、同611条1項は、「賃借物の一部が滅失その他の事由により使用及び収益をすることができなくなった場合において、それが賃借人の責めに帰することができない事由によるものであるときは、賃料は、その使用及び収益をすることができなくなった部分の割合に応じて、減額される。」と定める（**賃借物の一部滅失による賃料の当然減額**）。この場合、契約

をした目的を達することができない状態になっている場合には、賃借
人は契約を解除することができる（**契約解除権**。民611条2項）。

(注3)　**原状回復義務の不履行**

　例えば、賃借人が賃借農地上に産業廃棄物を不法投棄した場合、賃
貸人としては、そのような信義に反する行為をする賃借人との契約関
係を断つため賃貸借の解除を検討することになる。解除理由として
は、用法遵守義務違反が考えられる（民616条・594条1項）。そして、賃
貸人は、農地法18条の許可を受けた上、農地賃貸借契約を解除するこ
とが認められる［⇒613イ参照］。解除の結果、賃貸借契約の効力は消
滅するため、賃借人に原状回復義務が発生し、産業廃棄物を撤去する
義務を負うに至ると解される。仮に賃借人がその義務を果たさないと
きは、債務不履行による損害賠償責任を負うと考えられる（最判平17・
3・10判時1895・60）。

(9)　賃借権（その2）　　　　　　　　　　　　　　　　　　　[229]

ア　**債務不履行による契約解除**　　　不動産の賃貸借関係は、一時的な関
係ではなく継続的な性格を持つ。「長い付き合い」が前提となる契約
である。このような継続的な契約関係において、当事者の一方（特に
賃借人）に債務不履行があった場合、契約の解除が問題となる。**契約
解除**をする場合、根拠となる条文は民法541条である（債務不履行によ
る契約解除）。

　例えば、賃貸人Aと賃借人Bの間で、法3条許可を受けた上でA所有
農地をBが耕作目的で賃借したとする。後日、仮にBが賃借農地を長
期間にわたって耕作放棄し、荒廃農地化した状態を生じさせた場合、
Aとしては、法18条1項の都道府県知事の許可を受けた後、債務不履行
を理由に賃貸借契約を解除することができる［⇒611ア参照］。

　ところで、賃貸借のような**継続的契約関係**においては、たとえ契約

が解除されても、例外的に、既に行われた給付は有効なものと扱われる（遡及効は認められない。）。つまり、解除の時点から将来に向けて契約関係が解消されることになる（民620条）。そのため、通常の解除と区別してこれを**告知**と呼ぶことがある（平野85頁）。

イ　**信頼関係破壊の法理**　　前記のとおり、不動産の賃貸借は継続的契約関係であるため、解除権を行使する場面において、上記原則の修正が認められている。それが**信頼関係破壊理論**（信頼関係破壊の法理）と呼ばれる考え方である。これを定義すれば、仮に債務不履行があっても、それが当事者間の信頼関係を破壊すると認める程度の不誠意と認められない限り、解除権の行使を認めない（解除無効）という考え方である。

この理論は、解除権を制限する側面と、他方で解除権を拡張する側面を持つ。解除権制限の効果が生じる場合とは、例えば、僅かの期間に限って賃料の不払があったとしても、いまだ相互の信頼関係を破壊する程度の不誠実があったということはできないとして解除権の行使を無効とする場合である（その結果、解除権行使はなかったことになる。）。

他方、解除権拡張の効果が生じる場面として、当事者間の信頼関係が破壊されたと認め得る場合にあっては、本来、解除のために必要となる催告を経ることなく、いきなり契約を解除することが認められる。

ここで、農地法3条3項の適用を経て、同条1項の許可を受けた賃貸借についても［⇒421参照］、信頼関係破壊の理論が適用されるのかという問題がある。本書はこれを肯定する立場をとる。(注1)(注2)(注3)

ウ　**契約の更新**　　農地の賃貸借契約は、契約期間が満了することによって終了する。つまり、期間満了時に契約は当然に効力を失う。

しかし、例外として、契約を更新することも可能である。正式の更新方法として、法定更新と合意更新の2つのものがある。一方、更新の

推定は、同一の条件で更に賃貸借をしたものと推定される、にとどまる（民619条1項）。

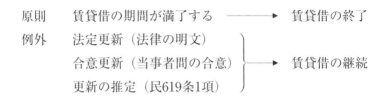

原則　　賃貸借の期間が満了する　　──────▶　賃貸借の終了
例外　　法定更新（法律の明文）　　　　　　⎫
　　　　合意更新（当事者間の合意）　　　　⎬─▶　賃貸借の継続
　　　　更新の推定（民619条1項）　　　　　⎭

　第1に、**法定更新**である。農地法には法定更新を認める定めが置かれている。農地法17条本文は、農地の賃貸借について、「期間の定めがある場合において、その当事者が、期間の満了の1年前から6月前まで（・・・）の間に、相手方に対して更新をしない旨の通知をしないときは、従前の賃貸借と同一の条件で更に賃貸借をしたものとみなす。」と定める。ここで、条文上は「同一の条件」とされているが、期間については定めのないものとなると解される（**期間の定めのない賃貸借**。最判昭35・7・8民集14・9・1731）。

　上記の条文を反対に解釈すると、相手方に対し、**更新拒絶の通知**を適法に行っておけば、期間が満了すると同時に契約関係も消滅することになる。ところが、適法に更新拒絶の通知を行うには、原則として、事前に都道府県知事の許可を得ておく必要があり（法18条1項本文）、結論として、それは必ずしも容易ではない ［⇒611参照］。

　このように、期間の定めのある農地の賃貸借の場合、農地法所定の要件を満たした適法な更新拒絶の通知をしておかないと、期間経過後は契約が更新され、期間の定めのない賃貸借となる。なお、期間の定めのない賃貸借の解消手段は、**解約申入れ**である。(注4)

　ここで、農地の賃貸借であっても、法定更新の適用がないものがあ

る。例えば、水田裏作を目的とする賃貸借で期間が1年未満のもの、法
37条から40条までの規定によって設定された農地中間管理権にかかる
賃貸借などがこれに当たる（法17条ただし書）。これらの場合、期間が
満了することによって賃貸借も当然に終了する。

　第2に、**合意更新**である。合意更新とは、期間が満了する前に双方当
事者の合意によって賃貸借契約を更新することをいう（民604条2項）。
例えば、最初の賃貸借の期間は20年であったが、更新によって期間を
更に50年延長することもできる。

エ　更新の推定　　民法619条1項は**更新の推定**について定め、「従前の
賃貸借と同一の条件で更に賃貸借をしたものと推定する。」と規定す
る。ここで、賃貸借の目的物が農地の場合にも同条の適用が認められ
るのかという問題がある。ただし、ここでいう「賃貸借」は、前提と
して、法定更新の規定の適用が認められないものに限る（法定更新の
適用が認められる賃貸借については、その規定を適用することになるから
である。）。

　結論を先にいえば、法定更新の適用がない賃貸借の場合、その賃貸
期間が満了して効力がいったん消滅した場合には、更新推定の規定は
適用されないと解する。理由は、農地の賃貸借の場合、原則として、
法3条の許可を受けない限り契約が効力を生じないからである（法3条6
項）。期間満了後の農地について、賃借人による事実上の使用収益状
態が継続したとしても、賃借権の時効取得が認められる場合は別とし
て、賃借人が賃借権を取得したと推定されることはないと解される。

オ　解約権留保の合意　　一方で民法は、賃貸借の期間が満了する以
前の段階で、当事者間の合意で賃貸借を終了させることも認めている。
民法618条は、「当事者が賃貸借の期間を定めた場合であっても、その
一方又は双方がその期間内に解約をする権利を留保したときは、前条

の規定を準用する。」と定める。つまり、民法617条の規定に従って、一方または双方が解約権を行使することができる。

(注1)　農地法3条3項の適用がある賃貸借と信頼関係破壊の法理の関係

　　法3条3項の適用を受けて同条1項許可を得た農地の賃貸借についても、信頼関係破壊の法理の適用が認められると解する。例えば、農地の賃貸人Aと賃借人Bの間で、A所有農地について賃借権を設定する際、設定後に同農地を適正に利用していないと認められる場合、賃貸人Aは、直ちに賃貸借を解除することができる旨の条件を文書で定め、農業委員会の3条1項許可も受けたとする。このような条件の合意は、賃貸借契約の特約としての性格を持つと考えられ、賃借人Bに対し、賃借農地を適正に利用するという用法遵守義務があることを確認させると同時に、仮に同義務違反（農地を適正に利用しているとは到底考え難い事由の発生）があったときは、Aが契約解除することをBは認めるという意味を有する。また、契約解除に当たっては、AからBに対する催告を要しないとする合意を含むと解する余地もあり、そのような解釈に従う場合は**無催告解除特約付きの賃貸借**ということになる[⇒422オ参照]。そして、仮にBによる耕作放棄状態が継続される事実が発生した場合、Aは、あらかじめ農業委員会に対して**届出**を行った上、賃貸借を解除することができる。届出を行えば、法18条1項の都道府県知事の許可は不要となる（法18条1項4号）。思うに、本ケースのような場合においても、信頼関係破壊の法理は適用されると解される。なぜなら、賃貸借解除に当たって、通常の場合のように、都道府県知事の許可を受けなければならないとされている場合は、許可権者による許可申請の審査段階で、当該申請内容の適法性（許可要件該当性）が、客観的かつ公正に審査されることになる。ところが、法3条3項の適用を受けた賃貸借解除の場合は、賃貸人から一方的に農業委員会に対して届出をすることが求められているにすぎず、事実に合致しない恣意的な届出およびその受理を前提とした違法な解除が行われる可能性を否定できない。仮にBが、解除無効確認訴訟を提起した場合、裁判所において、耕作放棄の程度、耕作放棄期間の長さ、耕作放棄に至

った原因、当事者間の交渉経緯、当事者の意向など諸般の事情を総合
考慮し、当事者間の信頼関係が破壊されたか否かの司法判断を行うこ
とになると解される。

(注2)　農業委員会への届出の性格

　賃貸人が賃貸借を解除しようとする場合、事前に農業委員会に対し
て届出をする必要がある。そもそも賃借人による農地の不適正利用が
認められた場合、賃貸人は契約を解除する権利はあっても義務はない。
ところが、法3条の2第2項1号は、賃貸人が契約を解除しない場合に、
農業委員会は、既に行った「同条第1項の許可を取り消さなければなら
ない」と定める。なぜこのような許可の取消しを農業委員会に義務付
ける規定をわざわざ置いたのか、やや疑問がある。さて、ここでいう
「届出」の法的性格であるが、行政手続法37条の定める届出と同じで
あるとは考え難い。なぜなら、同条の定める届出とは、一定の事柄を
公の機関（今回は、農業委員会）に知らせるものを指し、申請のよう
な、行政庁に対し何らかの応答を求めるものを除くと解されているた
めである（逐条行手283頁）。同条の届出の場合、法令に定められた形
式上の要件に適合した届出が、提出先の機関に到達すれば、当該届出
行為はそれで完了すると規定されている。他方、法18条1項4号の届出
の場合は、農地法施行規則67条1項が、「農業委員会は、前条の規定に
より届出書の提出があった場合において、当該届出を受理したときは
その旨を、当該届出を受理しなかったときはその旨及びその理由を、
遅滞なく、当該届出をした者に書面で通知しなければならない。」と定
めており、農業委員会において諾否の応答をする必要がある。そのた
め、法18条1項4号が定める届出は、行政手続法37条が定める届出とは
異なり、むしろ申請に当たると解される（中原121頁）。賃貸人による
届出を農業委員会が受理しなかったとき、その不受理は行政処分であ
ると解されるため、この場合、賃貸人は、行政不服申立てを行い、また
は処分の取消訴訟を提起することによってその取消しを求めることが
できると考える［⇒632・643参照］。また、賃貸人は、農業委員会の対
応に違法な点が認められる場合、農業委員会を設置している地方公共
団体に対し、国家賠償法1条に基づいて損害賠償の支払を求めること
も可能である［⇒651参照］。

（注3）　届出書の記載事項

　届出書に記載する必要がある事項は、次のとおりである（規66条1項）。

農地法施行規則66条1項

1号	賃貸人・賃借人の氏名・住所（法人にあっては、その名称、主たる事務所の所在地、代表者の氏名）
2号	土地の所在、地番、地目および面積
3号	賃貸借契約の内容
4号	解除をしようとする土地が適正に利用されていない状況の詳細
5号	賃貸借の解除をしようとする日
6号	土地の引渡しの時期
7号	その他参考となるべき事項

（注4）　解約の申入れ

　期間の定めのない賃貸借の場合、当事者は、いつでも相手方に対し、賃貸借の**解約の申入れ**をすることができる（民617条）。農地の賃貸借の場合、解約申入れをする前に、原則として、都道府県知事の許可を受ける必要がある（法18条1項柱書）。仮に同許可を受けて解約申入れをした場合、農地の賃貸借の場合は、解約申入れの日から1年を経過することによって終了する（民617条1項1号）。ただし、収穫の季節がある土地の賃貸借については、その季節の後、次の耕作に着手する前に、解約の申入れをしなければならない（同条2項）。

3 3条の規制対象となる行為

(1) 法3条許可の対象となる行為 [231]

ア 権利の移転・設定 法3条1項許可の対象となるのは、転用目的を除く農地の所有権の移転行為および使用貸借による権利、賃借権その他の権利の移転・設定行為である（なお、採草放牧地に関する説明は省略する。）。これらの行為は、法律行為と呼ばれる。

なお、法3条1項各号に該当する事由がある場合、同条1項の許可を受けることなく権利の設定または移転の効力が発生する（許可除外）。これらの事由の中には、例えば、農事調停によって農地の所有権移転について当事者間で合意する場合のように、契約としての性質を持つものもあれば、法37条から40条までの規定によって農地中間管理権が設定される場合のように、行政処分の性質を有するものもある。

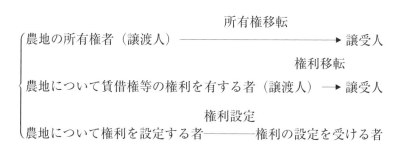

イ 法律行為の意味 **法律行為**とは、当事者の意思に従って法的効果を認める要件をいい、これには、2個の意思表示からなる**契約**、1個の意思表示からなる**単独行為**および社団の設立行為のように複数の意思表示からなる**合同行為**の3つのものがある（山野目総則139頁）。

　例えば、売買契約の場合は、売主Aが、ある物を買主Bに「売りたい」と告げ、買主Bがそれを「買いたい」と回答することによって成立する法律行為である。Aの「売りたい」という意思表示を申込みといい、Bの「買いたい」という意思表示を承諾という（民522条1項）。この場合、双方向の関係に立つ2個の意思表示がある。

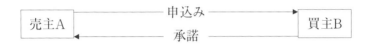

ウ　法3条で問題となること　　農地の権利移転・設定の場面において現実に問題となり得るのは、法律行為のうち、契約および単独行為の場合と考える。これらのうち、単独行為は、前記のとおり、単独の意思表示だけで成立する法律行為をいうが、これにはさらに2つのものがあり、相手方による意思表示の受領を要するもの（**相手方のある単独行為**。例として**契約解除**）と、意思表示の受領を要しないもの（**相手方のない単独行為**。例として、**遺贈、所有権放棄**等）がある（四宮205頁）。
　以下、契約および単独行為に関する問題点を検討する。

エ　効力発生要件　　法3条許可は、法律行為の効力発生要件である（法3条6項）。許可を受けない限り、農地等について権利設定・移転の効果は生じない［⇒432参照］。

(2)　契　約　　　　　　　　　　　　　　　　　　　　　［232］

　契約の性質を持つ法律行為については、法3条の許可が必要となる。
ア　共有物分割　　第1に、**共有物の分割**は、共有者間で共有物を分割
することである（民256条1項）。共有物の分割を行う方法として、共有
者間の協議（契約）をもって行う**協議分割**と、その例外として、協議が
できない場合の**共有物分割訴訟**による場合がある（民258条1項）。

　共有物の分割は、共有者相互間における、共有物の各部分について
の持分交換または売買と考えることができる（最判昭42・8・25民集21・
7・1729）。したがって、共有物の分割には法3条の適用があり、農業委
員会の許可を要する。また、共有持分の譲渡についても、共有持分（権）
の売買または贈与に当たると考えられるため、許可が必要と解される。
イ　譲渡担保と買戻し　　一般に、債権の担保として、債務者から債権
者に対し財産権を譲渡することを**譲渡担保**という。譲渡担保は、判例
で認められたものであり、民法には規定がない。不動産（土地・建物）
を目的とする譲渡担保の場合、担保目的物となる不動産の所有権を債
権者に譲渡する方法をとる。そして、債務者は、後日債務（借金）を返
済することによって不動産所有権を自分の下に取り戻すことができ
る。このように、債務者が、債権者に対し、農地の所有権を担保目的
で譲渡しようとした場合、法3条の許可が必要となる（東京高判昭55・
7・10判時975・39）。また、担保農地を債権者から債務者の下に戻す場
合も同じく必要と解される。

　次に、売主が、不動産の売買契約と同時に解除権を留保する買戻特
約を結び、その解除権行使によって不動産を取り戻すことを**買戻し**と
いう（民579条）。これについても、法3条許可が必要とされている（最
判昭42・1・20判時476・31）。
ウ　契約の合意解除　　契約の**合意解除**とは、契約の効力が発生した
後に、当事者間の合意によって契約を消滅させる新たな契約をいう（合

意解約ともいわれる。)。

　例えば、農地の売主Aと、買主Bが法3条の許可を得て、農地の所有権をAからBに譲渡する契約を締結すれば、農地の所有権はBに移転する。ところが、A・B間で、上記の譲渡契約を解消するため（つまり、上記AからBへの農地譲渡がなかったことにするため）、A・B間で新たな合意をした場合、当該合意は**解除契約**と呼ばれる。解除契約を締結した結果、BからAへ新たな権利移転が生ずることになるが、この場合も当該権利移転について法3条の許可を要する。

エ　**相続分の譲渡**　　契約によって積極財産も消極財産も含めた全体としての相続財産に対する包括的な持分を他人に譲渡することを**相続分の譲渡**という。相続分の譲渡について、最高裁は、「共同相続人間においてされた相続分の譲渡に伴って生ずる農地の権利移転については、農地法3条1項の許可を要しないと解するのが相当である。」との立場をとっている（最判平13・7・10民集55・5・955）。反対解釈として、共同相続人から非相続人への相続分の譲渡については、法3条の許可を必要とすると解される。

オ　**競　売**　　不動産競売は、民事執行法に基づいて、裁判所が買受申出人に対し不動産を売却するものであり、売買契約の本質を有すると考える。**競売**の目的物が農地の場合、買受人は、その申出に先立って農業委員会（法3条許可の場合）または都道府県知事（法5条許可の場合）から、**買受適格証明書**の交付を受ける必要がある。競売について最高裁判例は、法3条許可を要するとしている（最判昭50・3・17金法751・44）。

(3)　単独行為　　　　　　　　　　　　　　　　　　　[233]

　単独行為についても、原則として法3条の許可を要する。

ア　共有持分の放棄　　民法255条は、「共有者の1人が、その持分を放棄したとき、又は死亡して相続人がないときは、その持分は、他の共有者に帰属する。」と定める。

　共有者の1人による**共有持分の放棄**の法的性質をどのように解するかについては争いがある。放棄によってその持分が消滅するという考え方もあるが、一方で条文上は「他の共有者に帰属する」と定められていることから、他の共有者に承継取得されると解する立場もある（石田377頁、山野目物権217頁）。本書もこの立場に従う。

　ところで、共有持分の放棄については、意思表示による権利移動ではなく、法律の規定に基づいて生ずるものであることを理由に、法3条の規制対象とはならないとする見解があるが（解説41頁。青森地判昭37・6・18下民13・6・1215）、疑問がある。本書は、持分放棄を意思表示（相手方のない単独行為）と捉えるため、法3条の規制に服すると解する。

イ　解除権発生の原因　　契約の解除権について、民法540条1項は、「契約又は法律の規定により当事者の一方が解除権を有するときは、その解除は、相手方に対する意思表示によってする。」と定める。

　このように、当初の契約によって当事者の一方（または双方）に解除権を与え、それに基づいて行われる解除を**約定解除**という。他方、法律の規定（民541条以下の債務不履行の規定ほか）によって債権者において解除権の行使ができる場合を**法定解除**という（これが解除権行使の場合の原則となる。）。

契約の解除　　　合意解除（解除契約。単独行為ではない）
　　　　　　　　約定解除（解除権の留保は契約。行使は単独行為）
　　　　　　　　法定解除（法律の定めによる解除権。行使は単独行為）

ウ　法定解除と約定解除の比較　　第1に、法定解除であるが、その効果として、民法545条1項は、「当事者の一方がその解除権を行使したときは、各当事者は、その相手方を原状に復させる義務を負う。ただし、第三者の権利を害することはできない。」と定める。これは**原状回復義務**を定めたものと解される。また、解除によって、契約は遡及的に消滅すると考える（通説・判例。**遡及的効果説**）。

　したがって、例えば、売買契約を原因として、農地の売主A（および買主B）が法3条許可を得て、Bに所有権を移転した事例において、売買契約が解除されることによって、同契約は遡及的に効力を失う。当然、Bへの農地所有権移転の物権的効果も失効する。その結果、無権利者となったBは、農地をAに返還しなければならない。

　法定解除の場合について、最高裁は、「売買契約の解除は、その取消の場合と同様に、初めから売買のなかった状態に戻すだけのことであって、（・・・）農地法3条の関するところではない」との立場を示す（最判昭38・9・20民集17・8・1006）。したがって、同許可は不要である。

　第2に、約定解除による所有権の復帰について、当事者の任意の意思により新たに権利移動の合意をしたものであり、法3条の規制対象となるとする説がある（解説41頁）。

　約定解除権の発生原因は、当初の契約（解除権の留保）に求められるため、法律の規定によって当然に発生する法定解除権の場合とは異なる。契約という合意を経て、後日、解除権を行使することによって農地の権利復帰を実現しようとする行為については、法3条の適用が妥当と考える。

(4)　遺　贈　　　　　　　　　　　　　　　　　　　　[234]

ア　**遺贈の種類**　　民法964条は、「遺言者は、包括又は特定の名義で、その財産の全部又は一部を処分することができる。」と定める。

遺言による財産の無償譲渡

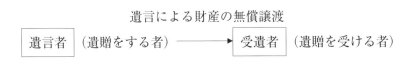

遺言者 （遺贈をする者）　──────→　受遺者 （遺贈を受ける者）

　遺贈は、遺言による財産の無償譲渡である。遺贈は、遺言者による単独行為であり、遺言者の一方的な意思表示によって成立する（ただし、効力が発生するのは、遺言者が死亡した時点である。民985条）。そして、遺贈によって財産を与えられる者を**受遺者**という。受遺者となれるのは、相続人、非相続人である自然人（他人）、法人などである。

　遺贈には、与えられる財産が特定されている**特定遺贈**と、相続財産の全部またはその何分の1を与える**包括遺贈**がある。例えば、遺言者Aが、「自分の所有する農地甲を長男Bに与える」と遺言した場合は農地甲の特定遺贈となる。また、同じく、「自分の全財産の半分を妻Cに与える」と遺言した場合は包括遺贈となる。

イ　**遺贈の効果**　　特定遺贈の場合、遺言が効力を生ずると同時に、受遺者は目的物について権利を取得する。包括遺贈の場合も、共有持分権を取得する。ただし、登記が権利取得の対抗要件となる（最判昭39・3・6民集18・3・437）。例えば、Aが遺言を作成し、「甲農地を長男Bに特定遺贈する。」と書いて死亡した場合、Aが死亡すると同時に、甲農地の所有権はBに移転する。

遺言者A　→　遺贈　┬── 特定遺贈　　　　　　　→　受遺者B
　　　　　　　　　└── 包括遺贈

　　妻C
　　遺言執行者　弁護士L

ウ　**相続人の義務**　　上記の例において特定遺贈を行った遺言者本人の地位を引き継ぐ立場にある相続人Cは、遺贈の目的である物または権利を、受遺者Bに対し、相続開始のときの状態で引き渡し、または移転する義務を負う（民998条）。

　さらに、Cは、物権変動の対抗要件である登記を具備させる義務を負う（遺贈を原因とする所有権移転登記。登記義務者Cと登記権利者Bとの共同申請による。）。

　ただし、仮に**遺言執行者**Lが存在するときは、専らLが遺贈を実現する権利義務を有する（民1012条2項）。したがって、この場合は、登記権利者はBであり、登記義務者はLとなる。**(注)**

　他方、包括遺贈の場合、民法990条は、「包括受遺者は、相続人と同一の権利義務を有する。」と定めているため、包括受遺者は、相続発生と同時に、遺言者の財産に属した権利義務を承継する（民896条）。

　その結果、包括受遺者と相続人、または包括受遺者と他の包括受遺者の間には、共同相続人相互間におけると同様の関係が生じるが、包括受遺者が取得する財産は未特定の状態にあるため、それを特定させるため民法907条1項の遺産分割の協議が必要となると解される（我妻368頁。[⇒215イ参照]）。なお、包括遺贈の場合であっても、対抗要件を備えるための共有持分の移転登記手続は共同申請による（堂薗114頁）。

エ　**遺言の解釈**　　ところで、遺言の解釈について、最高裁は、「遺言書の文言を形式的に判断するだけではなく、遺言者の真意を探求すべきものであり、（・・・）遺言書の全記載との関連、遺言書作成当時の事情及び遺言者の置かれていた状況などを考慮して遺言者の真意を探求し当該条項の趣旨を確定すべきものであると解するのが相当である。」との立場を明らかにしている（最判昭58・3・18家月36・3・143）。

オ　**農地法の特例**　　遺贈は、単独行為の性格を持つ法律行為であるから、本来、法3条1項の定める規制に服するはずである。しかし、農

地法施行規則は、遺贈のうち、包括遺贈と相続人に対する特定遺贈については法3条の許可を要しないものと定めた（規15条5号）。

　　（注）　遺言執行者
　　　遺言執行者の権利義務について、民法1012条1項は、「遺言執行者は、遺言の内容を実現するため、相続財産の管理その他遺言の執行に必要な一切の行為をする権利義務を有する。」と定める。つまり、遺言執行者の職務は、遺言の内容を実現することにある。また、同条2項は、「遺言執行者がある場合には、遺贈の履行は、遺言執行者のみが行うことができる。」と定める。したがって、上記の例の場合、受遺者Bは、遺言執行者Lを相手として、目的農地の引渡しや移転登記手続を請求することになる（我妻378頁）。

(5)　法律行為以外のものについて　　　　　　　　　　[235]

ア　相　続　　民法896条は、「相続人は、相続開始の時から、被相続人の財産に属した一切の権利義務を承継する。ただし、被相続人の一身に専属したものは、この限りでない。」と定める。

　相続は、被相続人の死亡という事実によって当然に発生するものであり、同人の意思表示によって発生するものではないため、法3条許可は不要である。**(注1)** **(注2)**

イ　時効取得　　農地の権利を**時効取得**した場合につき、最高裁は、「農地法3条による都道府県知事等の許可の対象となるのは、農地等につき新たに所有権を移転し、又は使用収益を目的とする権利を設定若しくは移転する行為にかぎられ、時効による所有権の取得は、いわゆる**原始取得**であって、新たに所有権を移転する行為ではないから、右許可を受けなければならない行為にあたらないものと解すべきである。」との立場をとっている（最判昭50・9・25民集29・8・1320）。

　ところで、所有権の取得時効が成立するための要件は3つある。

　第1に、占有が所有の意思をもってされる必要がある（民162条1項）。所有の意思のある占有を、**自主占有**という（他方、所有の意思のない

占有は**他主占有**という。）。例えば、農地の買主Bが、買い受けた農地を占有する場合は自主占有である。他方、農地の賃借人は、他主占有者であるから、仮に長期間にわたって賃借農地を占有しても農地所有権の取得時効は成立しない。

第2に、**平穏かつ公然の占有**であることも必要となる（同項）。ただし、平穏・かつ公然の占有は推定される（民186条1項）。

第3に、一定期間に及ぶ占有の継続が必要となる（民162条1項）。ただし、占有の継続は推定されるから（民186条2項）、例えば、占有者において、平成10年1月1日（午前0時）に占有していたことおよび平成20年1月1日（午前0時）に占有していたことを主張・立証することで、10年間の占有が継続したことが推定される。

そして、**長期取得時効**が成立するためには20年の、また、**短期取得時効**が成立するためには10年の占有継続がそれぞれ必要となる（民162条1項・2項）。時効完成による権利取得が生じた場合、権利取得は、時効期間の起算日に生じたものと扱われる（民144条）。

長期取得時効と短期取得時効の成立要件

長期取得時効（民162条1項）	短期取得時効（民162条2項）
平穏・公然の占有	平穏・公然・善意無過失（自分の物であると信じ、かつ、信じたことに過失がないこと）の占有

ウ　時効取得を原因とする登記申請　　農地の時効取得を原因とする所有権移転登記申請については、時効取得者が登記権利者となり、一方、前所有者（現登記名義人）が登記義務者となって、共同申請を行うものとされている（幸良158頁）。なお、登記原因日付は、時効の起算日（占有開始日）とするのが登記実務である。(注3)

　また、民法163条は、「所有権以外の財産権を、自己のためにする意思をもって、平穏に、かつ、公然と行使する者は、前条の区別に従い20年又は10年を経過した後、その権利を取得する。」と定める。

　最高裁判例は、不動産の**賃借権**について時効取得を認めている（最判昭45・12・15民集24・13・2051）。

（注1）　**特定財産承継遺言**

　　遺贈に似た機能を持つものとして、**特定財産承継遺言**がある。民法1014条2項は、「遺産の分割の方法の指定として遺産に属する特定の財産を共同相続人の1人又は数人に承継させる旨の遺言（以下「特定財産承継遺言」という。）があったときは、遺言執行者は、当該共同相続人が第899条の2第1項に規定する対抗要件を備えるために必要な行為をすることができる。」と定める。そもそも遺言者は、前記のとおり、遺言で遺産の分割方法を指定することができる（民908条1項）。例えば、農地は長男Bに、自宅の建物と宅地は妻Cに、預金と動産は長女Dにと指定した場合がこれに当たる。この場合、長男Bは、相続を原因として、単独で農地の所有権移転登記を行うことができる。特定財産承継遺言による農地の権利移転の性質は相続であることから、法3条の許可は不要と解される。

（注2）　**農地の権利取得の届出**

　　農地法3条の3は、農地について、農地法3条の許可を受けないで同条1項に掲げる権利を取得した者に対し、農地所在地の市町村の農業委員会への届出を義務付けている（**権利取得の届出**）。例えば、相続による権利取得、時効による権利取得がこれに当たる（最近の農林水産省の統計数値では、届出件数は年間44,000件程度となっている。）。

（注3）　**時効取得を原因とする登記申請**

　　前記のとおり、時効取得を原因とする農地の権利移動については農地法の許可を要しない（最高裁判例）。ところが、時効取得成立のための実体法上の要件が満たされていないにもかかわらず、当事者双方が共謀して所有権移転登記の共同申請を行い、違法な登記を完了しようとするおそれもある。そこで、農林水産省は、「時効取得を原因とする農地についての権利移転又は設定の登記の取扱いについて」（昭和52・

8・25　52構改Ｂ1673号構造改善局長通知）という通知を出して、そのような事態に対処しようとしている。それによれば、登記の完了前に、登記官が農業委員会に対し、地目が田または畑の土地について、時効取得を登記原因とする農地法3条1項本文に掲げる権利について移転または設定の登記申請がされた旨の通知を行った場合、農業委員会としては、速やかに、当該通知にかかる事案が取得時効完成の要件を備えているか否かについて実情を調査するものとされている。その調査の結果、農地法違反があると認めるときは、農業委員会は、登記官に対しその旨を通知するとともに、当該登記申請者に対しその旨を通知し、登記申請を取り下げさせるほか適切な行政指導を行うものとしている［⇒311参照］。

4　双方申請の原則

(1)　双方申請の原則　　　　　　　　　　　　　　　　　　　[241]

ア　農地法施行令および農地法施行規則　　農地法施行令1条は、「農地法（以下「法」という。）第3条第1項の許可を受けようとする者は、農林水産省令で定めるところにより、農林水産省令で定める事項を記載した申請書を農業委員会に提出しなければならない。」と定める。

　これを受けて、農地法施行規則10条本文は、「農地法施行令（以下「令」という。）第1条の規定により申請書を提出する場合には、当事者が連署するものとする。」と定める。

　このように、当事者が法3条の許可を受けようとする場合、双方の当事者は、申請書に連署した上それを農業委員会に提出する必要がある（この原則を**双方申請の原則**と呼ぶことがある。）。

イ　双方申請の原則に違反した申請　　この原則に違反し、法3条の許可申請書が一方当事者の署名のみで提出された場合、当該申請は形式的要件を欠く不適法なものとなる。したがって、この場合、農業委員会としては、申請者に対し、申請内容の補正を求めて行政指導を行うか、あるいはその補正が困難である場合は、その取下げを勧告するのが相当と解される（行手7条）。申請者が、申請の補正または取下げの指導に応じない場合は、申請を受け付けた上で却下処分（不許可処分）をするほかないと考えられる。

　仮に農業委員会が判断を誤って、不適法な申請に対し3条許可処分を出した場合、当該処分は、農地法施行規則10条に反する違法が認められる**瑕疵ある処分**となり、後日、取消しの対象となると解される[⇒433参照]。

(2)　単独申請が許容される場合　　　　　　　　　　[242]

ア　**単独申請**　　上記の原則に対し、農地法施行規則10条ただし書は、その例外を定める。すなわち、同条各号に掲げられた場合は、申請者は単独で許可の申請をすることが認められる。

農地法施行規則10条ただし書

号	単独申請が認められる場合
1	強制競売、担保権の実行としての競売、公売、遺贈その他の単独行為
2	判決の確定、裁判上の和解、請求の認諾、民事調停の成立、家事事件手続法の審判の確定・調停成立

イ　**強制競売ほか**　　強制競売および担保権の実行としての競売は、いずれも民事執行法の定めるところによって行われる。**強制競売**の手続は、**債務名義**（例　確定判決。権利を公的に証明する文書）を有し、かつ、**執行文**（債務名義の執行力が現存することを証明する文書）の付与を受けた債権者が、裁判所に対し、競売を申し立てることによって始まる。他方、**担保権の実行としての競売**手続は、**担保権者**（例　抵当権者）が、担保権の存在を証明する文書（例　抵当権の設定登記がされた不動産登記事項証明書）を添えて裁判所に申し立てることによって始まる。

　ここで、執行裁判所は、農地について強制競売または担保権の実行としての競売を行う場合、買受申出制限を行う（民執規33条・173条）。その結果、農地の買受申出をしようとする者は、農業委員会または都道府県知事等が発行する**買受適格証明書**を添付する必要がある。買受申出人は、買受適格証明書を添付して入札（**期間入札**）に参加する。首

尾よく**最高価買受申出人**となった者は、法3条または5条の単独許可申請を行って許可書の交付を受け、それを執行裁判所に提出する。その後、執行裁判所は、売却決定期日に売却の許可を言い渡す（民執69条）。売却許可決定が確定すると、最高価買受申出人から**買受人**となる。

　なお、公租（税金）・公課（社会保険料）が滞納された場合、税務署等の徴税機関は、滞納処分によって滞納者の財産を差し押さえて売却するが、このような売却を**公売**という（実践民事執行26頁）。

ウ　遺贈その他の単独行為　　単独行為は、1個（単独）の意思表示によって成立する法律行為である［⇒231イ参照］。前記のとおり、遺贈も単独行為であり、原則として、無償の所有権移転行為である。ただし、遺贈について農地法3条許可を要するのは、包括遺贈および相続人に対する特定遺贈を除く遺贈である。具体的には、相続人以外の第三者または法人に対する遺贈がこれに当たる。

　例えば、妻Cと長男Bの2人の家族を持つAが遺言を作成し、他人Dに対し、自分の所有する農地甲（の所有権）を遺贈した場合、許可を受ける必要が生ずる。

農地甲の遺贈義務を負うのは、原則として相続人B・Cであるが、仮に遺言執行者Lが指定されている場合は、Lのみが遺贈義務者となると解される［⇒234ウ参照］。

　では、遺贈の場合、誰が単独で法3条の許可申請をすべきか、という

点が問題となる。一部に、「遺言者、またはその相続人もしくは遺言執行者」において単独申請をするべきであるという見解がある（解説55頁）。しかし、疑問がある。

第1に、遺言は、遺言者による生前行為であって生前に成立する。しかし、民法は、その効力は、遺言者Aが死亡した時から生じると定めているのであるから（民985条1項）、A死亡の前に遺言（遺贈）の効力が発生することはあり得ない。したがって、遺言者Aを単独申請人と認める見解は誤りである。

なお、民法985条2項は、遺言に停止条件を付した場合において、その条件が遺言者の死亡後に成就したときは、遺言は、条件が成就した時からその効力を生ずると定める。このような法律関係は、相続人以外の者を受遺者とする農地の特定遺贈についても基本的に当てはまると考えられる。この場合、原則として、法3条の許可を受けたときから効力が発生するということである。

第2に、相続人C・Bについては、確かに、遺言者の地位を相続によって包括的に承継しているため、遺言を実現する義務を負っていることは疑いない（民998条）。したがって、相続人C・Bは、単独で法3条の許可申請を行うことができると解される。

第3に、仮に遺言執行者Lがいるときは、同人のみが単独で法3条の許可申請をすることができる（民1012条2項）。

仮にこれらC・B・Lが、法3条許可の単独申請を任意に行わない場合はどうか。思うに、双方申請といい単独申請といい、単に許可を受けるための申請の形式ないし方式を定めたものにすぎず、何か質的に違いがあるわけではない。また、農地法施行規則10条1号は、双方申請の原則の例外として「遺贈」の場合を掲げているにすぎず、誰が単独申請できるかの点については具体的に触れていない。さらに、権利と義務は、本来は表裏一体の関係に立つところ、受遺者Dは、遺言の実

現を求める権利があるのであるから、Dも単独申請できる資格がある
と解しても不当ではない。(注1)

　以上のことから、単独申請できる農地法上の資格者は、相続人C・
B（遺言執行者がいる場合を除く。）、遺言執行者Lおよび受遺者Dであ
ると解する。

エ　判決の確定ほかの場合　　判決の確定ほかの場合は、いずれも裁判
所における手続である。判決の確定については、次のような場合が想
定される。

　例えば、耕作目的で売主Aと買主Bが、A所有農地の売買契約を締
結したが、Aが正当な理由がないのに、農業委員会に対する法3条許可
申請手続に協力しない場合、Bとしては、民事訴訟を提起した上、勝
訴することによって権利を実現するほかない。

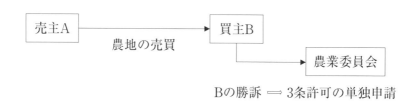

　仮にB勝訴判決が確定した場合、Bは、単独で農業委員会に対する
法3条の許可申請をすることができる。ただし、Bが単独で法3条の許
可申請することが認められたとしても、農業委員会で不許可処分を受
けた場合は以降の手続に進むことはできない。(注2)(注3)

　(注1)　遺贈による所有権取得の登記
　　　遺贈による所有権の移転登記については、実務上、特定遺贈、包括
　　遺贈を問うことなく、受遺者を登記権利者とし、遺言執行者または相
　　続人を登記義務者として、共同申請すべきものとされている。ただし、
　　不動産登記法の最近の改正によって、受遺者が相続人である場合に、

当該受遺者の単独申請が認められることとなった（不登63条3項）。その理由として、特定財産承継遺言の場合は相続人による単独申請が認められているところ、それは相続人受遺者の場合と機能的に類似していること、また、登記原因証明情報として遺言書が添付されれば、登記の真正は同じ程度に担保されることがあげられている（幸良173頁）。

(注2)　訴訟の提起

　買主B（原告）が、民事訴訟を提起して売主A（被告）を訴える場合、次のような主張となる（幸良140頁）。

「1　被告は、原告に対し、別紙物件目録記載の土地につき、○○市農業委員会に対し農地法3条の規定による所有権移転の許可の申請手続をせよ。

2　被告は、原告に対し、前項の許可があったときは、同項の土地につき、同項の許可の日の売買を原因とする所有権移転登記手続をせよ。」

〈内容の解説〉上記1項は、**給付の訴え**（被告に対し一定の給付を命ずる判決を求める訴え）であり、同2項は、**将来の給付の訴え**となる（民訴135条）。第1に、A・B間の農地売買契約に基づいて、BはAに対し、農地法の許可を受けるための申請手続に協力を求める権利を持つ（**許可申請手続協力請求権**）。一方、AはBに対し、農地法3条の許可申請をする義務（債務）を負う。この債務は、第三者が代わって履行することができない**非代替的作為義務**である。そして、農地法3条の許可申請を求める請求とは、被告であるAの農業委員会に対する農地法3条許可申請という意思表示を求める請求であり、訴訟の結果、勝訴判決が確定すれば、債務者であるAの意思表示があったものと擬制される（**意思表示の擬制**。民執177条1項本文「意思表示をすべきことを債務者に命ずる判決その他の裁判が確定し、又は和解、認諾、調停若しくは労働審判に係る債務名義が成立したときは、債務者は、その確定又は成立の時に意思表示をしたものとみなす。」）。このように、原告であるBが勝訴し、その判決が確定した時点でAの許可申請があったものとみなされるため、Bとしては、単独でA・B間の農地の所有権移転にかかる法3条許可申請を行うことが認められる（Aの許可申請の意思表示は擬制されているので、実質的にA・B双方申請の要件を満たすに至る。）。農業委員会で法3条許可を受けることができたBが、

第2に、農地の所有権移転登記も行いたいと考えた場合、農業委員会から交付を受けた3条許可書を裁判所（上記民事事件の記録を保管している裁判所）の書記官に提出し、当該判決正本に**執行文の付与**を受ける必要がある（民執26条・27条1項）。これらの手続を済ましたBは、管轄登記所の登記官に対しその判決正本を提出することによって、権利に関する登記の原則である**共同申請主義**（不登60条）の例外としての**単独申請**をすることが認められる（**判決による登記**。不登63条1項）。登記原因の日付は、所有権移転の効力が生じた日（許可日）となる。

(注3)　**請求の認諾**

　被告Aによる、裁判手続中の原告Bの請求に理由があることを認める旨の訴訟上の陳述を**請求の認諾**という（民訴266条）。裁判所の書記官が、この陳述を調書に記載すると（**認諾調書**）、確定判決と同一の効力が認められる（民訴267条）。この場合、原告であるBは、認諾調書の正本を提出して、単独で農業委員会に対する3条許可申請をすることができる。ここで、正本という言葉が出てきた。**原本**は作成者の意思に基づいて作成されたオリジナルな文書を指す。これに対し、**正本**は原本の写し（コピー）である。ただし、これは、作成権限のある者が原本に基づいて特に正本として作成した文書である。正本は、外部に対する関係では原本と同じ効力を持つ。例えば、判決原本の作成者は担当裁判官であるが、判決正本の作成者は裁判所の書記官となる（実践民事執行71頁）。

第 3 章

行政指導と申請に対する審査

3

3

1　行政指導

(1)　行政指導　　　　　　　　　　　　　　　　　　[311]

ア　行政手続法　　行政手続法は、処分、行政指導および届出に関する手続ならびに命令等を定める手続に関し、共通する事項を定めることによって、行政運営における公正の確保と透明性の向上を図り、もって国民の権利利益の保護に資することを目的として、平成5年に成立した。

　同法は、2条6号で**行政指導**の定義を定めている。それによれば、行政指導とは、「行政機関がその任務又は所掌事務の範囲内において一定の行政目的を実現するため特定の者に一定の作為又は不作為を求める指導、勧告、助言その他の行為であって処分に該当しないものをいう。」と定義されている。

　行政指導は、下記のとおり、指導を受ける対象者の任意の協力を得た上で行われるため、強制力はない。また、処分と異なって行政指導を受けた相手方の権利利益を侵害するものではないため、法律上の根拠を要しないと解されている（最判昭60・7・16民集39・5・989）。

イ　行政指導の一般原則　　行政指導の一般原則について、行政手続法32条1項は、「行政指導にあっては、行政指導に携わる者は、いやしくも当該行政機関の任務又は所掌事務の範囲を逸脱してはならないこと及び行政指導の内容があくまでも相手方の任意の協力によってのみ実現されるものであることに留意しなければならない。」と定める。

　したがって、例えば、農業委員会の職員が、相手方に対し指導を行う場合、農地法および農業委員会等に関する法律（以下「農委法」という。）等で明示された所掌事務の範囲内で相手方に対し、一定の作為または不作為を求めることができるにすぎないことに留意する必要がある。

　また、行政指導の相手方が、法令に定められた義務に違反している場合、その者に対し、勧告等を行うことを通じて自主的な改善を求める場合があり得る。例えば、農地法に違反して無許可で農地を転用している者に対し、違反転用（無断転用）を是正するよう求めることは許される。

　しかし、その場合、勧告、説得等の任意の手段を超えて是正を事実上強制するに至れば、それは違法となる。行政指導を行っても自主的な改善が期待できない場合には、法令に定められた原状回復命令などの処分によるべきであると解される（逐条行手244頁）。

　なお、行政手続法32条2項は、「行政指導に携わる者は、その相手方が行政指導に従わなかったことを理由として、不利益な取扱いをしてはならない。」と定める。ここでいう「不利益な取扱い」は、制裁的な意図をもって行われる行為をいう（同245頁）。

(2)　行政指導の限界　　　　　　　　　　　　　　　　　　　[312]

ア　申請に関連する行政指導　　行政手続法33条は、「申請の取下げ又は内容の変更を求める行政指導にあっては、行政指導に携わる者は、申請者が当該行政指導に従う意思がない旨を表明したにもかかわらず当該行政指導を継続する等により当該申請者の権利の行使を妨げるようなことをしてはならない。」と定める。

　申請者は、もともと許可を受けるために申請を行うのが通常である。

ところが、仮に行政指導を受けた結果として、やむなく申請を取り下げ、または申請の内容を変更した場合であっても、その取下げや内容の変更は、申請者自らの判断に基づくものとされてしまう。そうすると、たとえ申請者に不服があっても行政不服審査法等による法的救済を受けることができなくなる。また、民事上の損害が発生したとしても、任意に申請を取り下げ、あるいは申請内容を変えた場合にあっては、国家賠償法に基づく賠償請求も原則として生じない［⇒651参照］。

そこで、同条は、行政指導に携わる者に対し、申請者の権利・利益の侵害を生じさせないよう留意することを求めたものと解される（逐条行手246頁）。

ただし、申請書に法令の定めに反した記載不備、添付書類の欠落等があった場合、当該申請は、形式上の要件を欠いた不適法なものとなる。その場合、許可権者が申請者に対して補正を求めることは同条違反とはならないと解されている（同247頁）。

イ　最高裁判例　　最高裁は、いわゆる**品川区マンション事件判決**において、申請者の行った許認可等の申請に対し、行政機関（行政指導を行った許認可権者）が判断を留保している場合、いつの時点から行政指導が違法となるのかという点について1つの法解釈を示した。

最高裁は、申請者において行政指導には従わない旨の「真摯かつ明確な意思表示」がある場合、（申請者による）当該不協力が社会通念上正義の観念に反するといえるような特段の事情が存在しない限り、以降、行政指導を継続することは違法であるとの立場を明らかにした（最判昭60・7・16民集39・5・989）。

上記行政手続法33条は、この最高裁判決を継承し、明文化したものと理解できる（大橋総論276頁）。

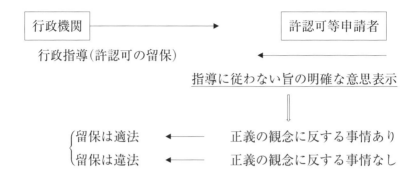

　このような内容の判例が過去に出された経緯はあるとしても、一方
で行政手続法33条は、明文で申請者の権利行使を妨げることを禁止し
ているのであるから、行政指導を名目として申請を留保することは、
原則的に違法となると解する。

(3)　行政指導指針　　　　　　　　　　　　　　　　　　　　[313]

　行政指導指針とは　　複数の者を対象とする行政指導について、行
政手続法36条は、「同一の行政目的を実現するため一定の条件に該当
する複数の者に対し行政指導をしようとするときは、行政機関は、あ
らかじめ、事案に応じ、行政指導指針を定め、かつ、行政上特別の支
障がない限り、これを公表しなければならない。」と定める。
　行政指導指針は、行政指導が単発的なものとして行われるのではな
く、一定の行為を行う者に対して、同じような行政指導が行われるこ
とが想定されている場合に、行政指導の明確化、公平性の確保の観点
から、行政指導を行う場合の方針、基準等についてあらかじめ定めて
おくほか、それを公表すべきものと規定された (逐条行手260頁)。具体
的には、例えば、「○○指導要綱」、「○○指導方針」等の名称が付され

ることが多い。これらの要綱は、法規たる性格を有せず、行政規則の性質を持つと解される（塩野総論229頁。[⇒114参照]）。

(4)　地方公共団体の機関が行う行政指導　　　　　　　　［314］

　適用除外　　行政手続法は、地方公共団体の機関が行う行政指導については適用除外とする（行手3条3項）。その代わり、同法46条は、行政指導については、「地方公共団体は、（・・・）この法律の規定の趣旨にのっとり、（・・・）必要な措置を講ずるよう努めなければならない。」としている。これを受けて、極めて多くの地方公共団体で、独自の行政手続条例を制定している。法律である行政手続法に関して確立された解釈は、当然、行政手続条例にも通用すると解される。

2　申請に対する審査

(1)　解釈基準と裁量基準　　　　　　　　　　　　　　　　［321］

　行政庁が申請に対する処分を行うに当たり、その許否を審査する場面においては、後記する審査基準に関する定めが重要である（なお、処分基準は、もっぱら相手方に対し、不利益処分を決定する際の基準である。）。ただ、これらの基準は多くの場合、次に述べる解釈基準または裁量基準の実質を有すると考えられる。

ア　解釈基準　　**解釈基準**とは、行政庁が処分を決定するに当たり、その取扱いがばらばらになることを防ぎ、行政の統一性を確保するために、上級行政機関が下級行政機関に対して発するものである（塩野総論114頁）。解釈基準は、法令解釈の基準であって、**通達（訓令）**という形式をとる。

　例えば、農地法には、「農地」という言葉が規定されているが（法2条1項）、その法的意味については、農地法を所管する農林水産省において定めておく必要がある。そのため、同省の事務次官名で「農地法の施行について」（昭和27・12・20　27農地5129号。以下**「法の施行について」**という。）が出されている。当該通知は、まさに上級行政機関から下級行政機関に対する**訓令**ないし**通達**という性格を持つ。(注)

　ただし、この通知には法的な拘束力がない（外部的効力がない。）。もちろん、農林水産省の下級行政機関（例　地方農政局長）はこの通知に拘束されるが、しかし、下級行政機関に該当しない地方公共団体は、この通知の示す定義に拘束されない。また、裁判所も拘束されない。

　仮にある通知に従って具体的な行政処分が行われ、その適法性（違法性の有無）が訴訟で問題となった場合には、裁判所は、独立した立場

で法解釈を行った上、当該処分の適法・違法を判断することができる。通知に示されたところを考慮する必要はなく、むしろ考慮してはならないと説く立場が有力である（塩野総論114頁）。なお、国の発した通知に国民が拘束されないことはいうまでもない。

イ　**裁量基準**　　行政法令の中には、具体的な申請に対し法令（条文）を機械的に適用すれば、自ずと処分の可否および内容が決まるものもあろう。しかし一方で、いかなる場合にいかなる処分を下すのかという点について、行政庁の専門的判断に委ねられている場合も少なくない［⇒123イ参照］。

　これが**行政裁量**の問題である。その場合、行政庁による裁量権行使を公平かつ適正なものとするため、あらかじめ裁量権行使の基準を定めることがしばしばある（塩野総論118頁）。これが**裁量基準**であり、多くの場合、上記の解釈基準と同じく、上級行政庁から下級行政庁への通知・通達（行政規則）という形で発せられることが多い。

　　（注）　**訓令と通達**
　　　上級行政機関が、下級行政機関に対して発する指揮命令を、訓令または通達と呼ぶ。これが個別具体的な下命（行政処分）の形をとらず、一般的抽象的な規範の形をとって行われる場合、それは行政規則の性質を持つと考えられる。訓令ないし通達は、本質的に異なるものではなく単に呼び方の違いにすぎないと考えられる（藤田組織86頁）。訓令・通達は、行政組織の内部限りで上級行政庁が下級行政機関に対して行う指揮命令であるから、その効力は、上級および下級行政機関相互間においてのみ存在するのであって、行政組織の外にある私人（国民）との関係においては、何らの法的拘束力も持たない（同87頁）。

(2)　審査基準　　　　　　　　　　　　　　　　　　　　　　［322］

ア　**審査基準**　　申請者から提出された申請について、行政庁が処分を決定するに当たっては、判断の合理性または公正性を確保するため

に何らかの客観的基準が必要となる。この点、行政手続法2条8号ロは、**審査基準**の定義を置き、「申請により求められた許認可等をするかどうかをその法令の定めに従って判断するために必要とされる基準をいう。」とする。

そして、同法5条1項は、「行政庁は、審査基準を定めるものとする。」と規定する。また、同条3項は、「行政庁は、行政上特別の支障があるときを除き、法令により申請の提出先とされている機関の事務所における備付けその他の適当な方法により審査基準を公にしておかなければならない。」と定める。このように、審査基準は、原則として公（オープン）にしておく必要がある。

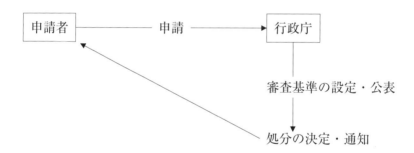

イ　**審査基準を定める理由**　　審査基準を定める主たる理由は、行政庁の判断の公正性、合理性等を担保するためである（宇賀総論454頁）。さらに、申請者の側に立った場合、審査基準が公にされていることによって、申請者は、自分がこれから行おうとしている申請について、将来、許認可等の処分を受けられるか否かを事前に予測することが可能となる。つまり、許認可等を受けるためにはどのような準備をする必要があるのか、また、許認可等を受けられる見込みが困難であることが分かった場合は、早々に申請を断念し、無駄な労力を省くことが可能となる（同頁）。**（注1）（注2）**

ウ　**審査基準の拘束力**　　これまで述べているとおり、審査基準は法規ではなく行政規則にすぎない［⇒114参照］。したがって、国民に対する法的拘束力を持たない。しかし、「実務上、明示的又は黙示的に基準が設けられ、それに基づく運用がされているときは、平等原則の要請からして、特段の事情がない限り、その基準を無視することは許されない」との立場を示す下級審判例もある（東京地判平15・9・19判時1836・46）。このような考え方に立てば、行政庁は、自ら設定・公表した基準に原則として拘束され、それに従うべきであると解することも可能となる（大橋総論220頁）。

　仮にある申請に対しては、自ら設定・公開した審査基準と異なった基準を適用して処分を決定する場合は、いわば、当該申請について「特別扱い」をすることになるため、合理的な根拠ないし理由を示す必要があると解される（塩野総論319頁、大橋総論220頁）。（注3）

　（注1）　**審査基準の設定**
　　農地法を所管する農林水産省から発せられた通知・通達が存在する場合、少なくない地方公共団体の行政庁は、これまで当該通知・通達をそのまま適用して処分内容を決定していたと聞く。しかし、通知・通達は、本来、上級行政機関から下級行政機関に対して発出されるものであり、地方公共団体がこれに従う根拠ないし理由はない。地方公共団体が、事実上、国の通知・通達をそのまま借用して、申請を審査する際の審査基準として使用していたとすれば、そのような姿勢は行政手続法の要請に適合したものとは言い難い。そこで、行政庁としては、例えば、自らの自治体の審査基準は、国の通知・通達と同じ内容であることを決定した上で、その事実を申請者にも伝える必要があると解される（逐条行手135頁）。例えば、「○○市農業委員会農地法許可基準」というような内規（文書）を作成し、地方公共団体の公報やホームページに掲載することで周知を図れば足りると考えられる。
　（注2）　**審査基準の設定・公表義務の違反**
　　行政庁が、自ら審査基準を設定し、かつ、公表する義務があることは、行政手続法の明文によって明らかである。問題は、行政庁がその

法的義務に違反したまま、具体的に処分を行った場合の処分の効力である。近時の判例の傾向をみると、行政庁がこの義務に違反した場合、処分が違法とされる傾向にあるといえよう。例えば、ある会社が、行政財産の目的外使用許可を求める申請を一部事務組合（都道府県、市町村および特別区がその事務の一部を共同処理するために設ける組合。自治284条1項）に対して行ったところ、同組合が不許可とした事例がある。これについて、那覇地裁平成20年3月11日判決（判時2056・56）は、審査基準の設定と公表を欠いたまま処分が行われたことを理由に、同不許可処分を取り消した。

（注3）　裁量基準の外部効果

　最高裁は、処分基準が公にされている場合、当該処分基準は、単に行政庁の行政運営上の便宜のためにとどまらず、不利益処分にかかる判断過程の公正と透明性を確保し、その相手方の権利利益の保護に資するために公にされたものというべきであるとの認識の下、行政庁が、処分基準の定めと異なる取扱いをした場合、処分基準と異なる取扱いをすることを相当と認める特段の事情のない限り、そのような異なる取扱いは裁量権の範囲の逸脱または濫用に当たると判決した（最判平27・3・3民集69・2・143）。この判決について、**裁量基準の外部効果**を明言したものであるという評価がある（宇賀総論325頁）。このように、裁量基準も、それを適用しない合理的理由がない限り、行政機関を拘束すると解することもでき、そのような考え方を**行政の自己拘束論**と呼ぶ立場がある（大橋総論142頁）。なお、これに関連して、裁判所において処分の違法性を審査する場合、裁判所としては、①公にされた裁量基準自体が合理的なものといえるか否かという点と、②個別の事情も考慮して処分を決定する仕組みとなっているか否か（個別事情考慮義務）の2点に着目して司法審査すべきであるとの見解がある（中原360頁）。本書も、基本的に同様の立場をとる。

（3）　処分基準　　　　　　　　　　　　　　　　　　　　　[323]

ア　**処分基準**　　行政手続法2条8号ハは、処分基準について定めている。**処分基準**とは、「不利益処分をするかどうか又はどのような不利

益処分とするかについてその法令の定めに従って判断するために必要
とされる基準をいう。」と定義されている。

　なお、申請により求められた許認可等を拒否する処分（いわゆる不
許可処分）は、ここでいう不利益処分ではない（行手2条4号ロ）。処分基
準も、法規ではなく行政規則である［⇒114参照］。

　処分基準については、「行政庁は、処分基準を定め、かつ、これを公
にしておくよう努めなければならない。」とされている（行手12条1項）。
このように、処分基準については、審査基準とは異なって、設定義務・
公開義務とも努力義務とされている。

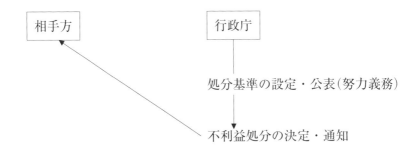

イ　公開の努力義務　　その理由として、処分基準については、処分庁
の裁量の範囲が比較的広いと解されること、また、処分原因となった
相手方の不利益事実をどのようにして適正に評価するのかという問題
もあり、あらかじめ基準を画一的に定めておくことが困難であるとい
う事情がある。また、基準の公開については、それを公開することに
よって、場合によっては、脱法的行為を助長するおそれがある。以上
のことから、努力義務とされたものである（逐条行手162頁）。

(4)　拒否処分に関する理由の提示　　　　　　　　　　［324］

ア　理由の提示　　行政手続法8条1項本文は、「行政庁は、申請により

求められた許認可等を拒否する処分をする場合は、申請者に対し、同
時に、当該処分の理由を示さなければならない。」と定める。これは、
拒否処分を行う際に、行政庁に対し**理由の提示**を義務付けた条文であ
る。

　理由の提示を行政庁に義務付けた理由は、次のようなものである。
一般的に行政庁は、申請により求められた許認可等について判断する
権限を有しているが、その判断は、法令の定めに従って公平かつ公正
に行われるべきである。行政庁の恣意に委ねられるべきものではない
（逐条行手147頁）。

　つまり、行政庁において許認可等をする際に、理由の提示が義務付
けられることによって判断の慎重または合理性が担保されて恣意が抑
制されること、および申請者にとっては、行政不服申立てまたは処分
の取消訴訟を提起する際の便宜を与えられることになるためである
（最判昭37・12・26民集16・12・2557）。

　例えば、ある者が、農業委員会に対し、法3条1項の許可を求めて申
請をしたが、申請を受け付けた農業委員会において、当該申請者は、
農業者ではなく農業に常時従事する要件を欠くと判断し、拒否処分（不
許可処分）をしようとするときは、処分の内容と同時にその理由を示
す必要がある。

イ　理由提示の程度　　理由の提示をどの程度まで行うべきかの点に
ついて、かつて最高裁は、旅券法に基づく旅券発給申請拒否処分に関

し、「いかなる事実関係に基づきいかなる法規を適用して一般旅券の
発給が拒否されたかを、申請者においてその記載自体から了知しうる
ものでなければならず、単に発券拒否の根拠規定を示すだけでは、そ
れによって当該規定の適用の基礎となった事実関係をも当然知りうる
ような場合を別として、旅券法の要求する理由付記として十分でな
い。」との立場を示した（最判昭60・1・22民集39・1・1）。

　また、東京高裁平成13年6月14日判決（判時1757・51）は、審査基準に
ついて、いかなる事実関係についていかなる審査基準を適用して当該
処分を行ったのかの点について、申請者においてその記載自体から了
知し得る程度に記載する必要があるとの立場を示している（塩野総論
322頁）。

　なお、行政手続法14条1項本文は、「行政庁は、不利益処分をする場
合には、その名あて人に対し、同時に、当該不利益処分の理由を示さ
なければならない。」と定める。その趣旨は、前記同法8条の趣旨と同
旨である。

(5)　標準処理期間　　　　　　　　　　　　　　　　　　　　[325]

ア　**標準処理期間**　　行政手続法6条は、申請が行政庁の事務所に到達
してから、当該申請に対する処分をするまでに通常要すべき標準的な
期間を定めるよう努めること、およびこれを定めたときは公にしてお
かなければならないと定める。この期間を**標準処理期間**という。

　また、例えば、農地転用の許可申請のように、いきなり許可権者で
ある都道府県知事に対して許可申請を行うのではなく、経由機関であ
る農業委員会を経由して提出すると定められているときは（法4条2項・
5条3項）、経由機関に申請が到達してから、許可権者である都道府県知
事に到達するまでの通常要すべき標準的な期間を定めるよう求めてい
る（行手6条）。

　なお、ここでいう標準処理期間には、形式的要件に適合しない申請の補正に要する期間は含まれていない。あくまで適法な申請についての標準処理期間という意味であると解される（宇賀総論456頁）。

イ　**農地法における標準処理期間**　　農林水産省は、「農地法関係事務処理要領の制定について」（平成21・12・11　21経営4608号　21農振1599号。以下「**事務処理要領**」という。）という通知を出している。

　この通知によれば、法3条1項の許可事務にかかる標準処理期間は、4週間とされている（事務処理要領第1・3）。

　また、農地転用関係事務については、以下のとおりとされている（同第4・4）。ここでは、便宜上、都道府県知事が単独で許否の判断を行い得る場合（いわゆる知事許可案件）について示す。

農業委員会による意見書の送付	知事による許可等の処分
都道府県機構の意見を聴く場合は、申請書の受付後、4週間	申請書および意見書の受付後、2週間
都道府県機構の意見を聴かない場合は、申請書の受付後、3週間	

第 4 章

3条の処分

4

4

1　3条2項の許可要件

（1）　法3条2項の許可　　　　　　　　　　　　　　　　　　　　［411］

ア　法3条許可　　法3条の処分（正確には法3条1項の処分である。）は、農地法の定める処分の中でも最も基本的なものということができる。その条文の構造については既に分析済みである［⇒214参照］。

　ところで、法3条の許可要件とは、各号のいずれかに該当すると不許可となることから、消極的許可要件または不許可要件と呼ぶことも可能である（各号に掲げる事由に1つでも該当しないことが、許可を受けるための要件となる。）。

イ　許可除外　　ただし、法3条1項各号に規定された事由に該当する場合は、いわゆる**許可除外**となって許可を受ける必要がない［⇒215イ参照］。なお、その他農林水産省令で定める場合も許可除外とされている（同項16号）。(注)

　　（注）　農林水産省令で定める場合

　　　その他農林水産省令で定める場合も許可除外とされている（法3条1項16号）。例えば、包括遺贈または相続人に対する特定遺贈により所有権等の権利が取得される場合（規15条5号。［⇒234オ参照］）、都市計画法56条1項または57条3項の規定によって市街化区域内にある農地または採草放牧地が取得される場合（同6号）、電気事業法2条1項17号に規定する電気事業者が、送電用・配電用の電線を設置するため区分地上権を取得する場合（同7号）、独立行政法人水資源機構が水路を設置するため区分地上権を取得する場合（同13号）などの場合が定められている。

(2)　法3条2項の許可要件　　　　　　　　　　　　　　　　　　［412］

　原則的な許可要件　　法3条2項は、通常の法3条1項の許可を受ける
ための要件を定めている。

　許可の対象となる権利は、所有権、地上権、永小作権、質権、使用
貸借による権利、賃借権である［⇒221参照］。これらの権利は、いずれ
も民法に定めのある権利である。その他に「使用及び収益を目的とす
る権利」もまた許可の対象となる。これは契約当事者間の自由な契約
によって生じる権利である（ただし、実例は余りないようである。）。

　通常の法3条1項許可を受けるためには、以下に示す事由に該当しな
いことが必要となる（法3条2項）。

法3条2項の許可要件

号	許　可　要　件
1	所有権等の権利を取得しようとする者またはその世帯員等の耕作または養畜の事業に必要な機械の所有の状況、農作業に従事する者の数等からみて、これらの者がその取得後において耕作または養畜の事業に供すべき農地および採草放牧地の全てを効率的に利用して耕作または養畜の事業を行うと認められない場合
2	農地所有適格法人以外の法人が前号に掲げる権利を取得しようとする場合（**注1**）
3	信託の引受けにより1号に掲げる権利が取得される場合
4	1号に掲げる権利を取得しようとする者（農地所有適格法人を除く。）またはその世帯員等がその取得後において行う耕作または養畜の事業に必要な農作業に常時従事するとは認められない場合（**注2**）
5	農地または採草放牧地につき所有権以外の権原に基づいて耕作または養畜の事業を行う者がその土地を貸し付け、または質入れしようとする場合（当該事業を行う者またはその世帯員等の死亡または2

	条2項各号に掲げる事由によりその土地について耕作、採草または家畜の放牧をすることができないため一時貸し付けようとする場合、当該事業を行う者がその土地を水田裏作の目的に供するため貸し付けようとする場合および農地所有適格法人の常時従事者たる構成員がその土地をその法人に貸し付けようとする場合を除く。)
6	1号に掲げる権利を取得しようとする者またはその世帯員等がその取得後において行う耕作または養畜の事業の内容並びにその農地または採草放牧地の位置および規模からみて、農地の集団化、農作業の効率化その他周辺の地域における農地または採草放牧地の農業上の効率的かつ総合的な利用の確保に支障を生ずるおそれがあると認められる場合

(注1)　農地所有適格法人

　農地所有適格法人とは、法人の種類が、農事組合法人、株式会社（公開会社でないものに限る。）または持分会社のいずれかであって、農地法2条3項の掲げる要件を全て満たしたものをいう。一般論としてみた場合、法人が、他人から農地の権利を耕作目的で取得しようとした場合、当該法人が農地所有適格法人であれば、法3条1項本文に掲げられた所有権等の権利の取得が可能となる。一方、それ以外の法人については、後記の農地法3条3項の許可要件を満たした場合に限り、賃借権または使用貸借による権利の設定に限って許可を受けることが可能となる〔⇒421参照〕。

(注2)　農作業に常時従事

　農地等の権利取得者または世帯員等の、権利取得後における農作業に従事する日数が年間150日以上である場合は、**農作業に常時従事する**と認めることができる（処理基準第3・5(2)参照）。

2　3条3項の特例的許可要件

(1)　法3条3項の特例的許可要件　　　　　　　　　　　　［421］

ア　**例外的な許可要件**　　農地の権利を耕作目的（農業目的）で取得し
ようとする場合、法3条1項の許可を農業委員会から受ける必要がある。
そして、同許可を受けるためには、同条2項に掲げられた要件を満たす
必要がある。この点については、既に述べた。

　他方、法3条3項は、その例外を置いた。すなわち、「農業委員会は、
農地（・・・）について使用貸借による権利又は賃借権が設定される
場合において、次に掲げる要件の全てを満たすときは、前項（第2号及
び第4号に係る部分に限る。）の規定にかかわらず、第1項の許可をする
ことができる。」と定めた。

イ　**立法趣旨**　　その立法趣旨について、農地等の権利の取得方法は、
法3条2項の定める許可要件によることが基本であるが、使用貸借によ
る権利または賃借権については、仮に権利設定の後において不適正な
利用があったとしても、契約の解除等の手段を講ずることによって農
地等を元の所有者に戻すことが可能である。他方、農地等の所有権移
転については、所有者が絶対的な管理・処分権を持っており、権利取
得後において仮に不適正な利用があっても、その農地を元の所有者に
戻すことができない。したがって、取扱いを異にする条文を新たに置
いたという説明が広く行われている（解説88頁）。

　しかし、このような説明はやや不十分なものといえる。なぜなら、
使用貸借による権利または賃借権についても、本来であれば、原則的
な規定としての性格を持つ法3条2項の適用を受けて同条1項の許可を
受け、上記の権利を取得することが可能である。そして、仮に同許可

後に農地等の不適正な利用が生じた場合、農地等の貸主または賃貸人が契約を解除することによって対処が可能となるからである（民法を根拠とした法定解除権。[⇒227エ・229ア参照]）。つまり、既存の制度でも間に合うということである。したがって、上記の説明では、なにゆえ法3条3項の許可要件を追加して設けたのか、その理由が薄弱と思われる。

　法3条3項の規定を追加した真の理由は、別のところにあるのではなかろうか。それは、農業従事者の平均年齢が年々高齢化し、また、耕作放棄地が年を追って増大する傾向にある事実を踏まえ、これまでの農地法による厳格な規制を一部緩和し、新規の農業参入者を多く呼び込むために、あえて法3条3項という許可要件を設けたものと考える（農業参入へのハードルの引下げ）。

　しかし、要件の緩和策のみでは反面弊害も生じるおそれがあるため、農地等の不適正利用の事実が発生した場合に備え、貸主（または賃貸人）に対し、約定（合意）に基づいた実効性のある契約解除権を付与し、それを契約書の中で明記するよう求めたものであると考える。

ウ　法3条3項の許可要件　　このことから、使用貸借による権利または賃借権の設定を受けようとする場合に限り、法3条2項に掲げられている6つの基本的許可要件のうち、法3条3項では一部のものが許可要件から外されることになった。外された許可要件は、法3条2項2号と4号である［⇒412参照］。

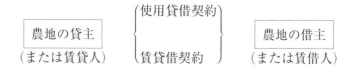

　まず、2号の要件が外されたことによって、必ずしも農地所有適格法

人でなくても、つまり一般の法人であっても、他人の農地について、使用貸借による権利または賃借権の設定に限定して、許可を受けることが可能となった。

　次に、4号の要件が外されたことにより、農作業に必ずしも常時従事できる者でなくても、他人の農地について使用貸借による権利または賃借権の設定を受けてこれを使用収益することができるようになった。

　反面、農地の所有権取得については、農作業に常時従事できる個人または農地所有適格法人に限って認めるという従来の仕組みが堅持されている（解説88頁）。本書も、農地を耕作するための権利については、賃借権を中心としたいわゆる利用権の設定で足りると考える。

エ　付加された許可要件　　一方、法3条3項は、「次に掲げる要件の全てを満たすとき」は、法3条1項の許可をすることができるとしており、新たな許可要件が追加された。それは以下の3つである。

法3条3項の許可要件

号	許可要件の内容
1	権利を取得しようとする者が、その取得後においてその農地等を適正に利用していないと認められる場合に、使用貸借または賃貸借の解除をする旨の条件が書面による契約において付されていること。
2	権利を取得しようとする者が、地域の農業における他の農業者との適切な役割分担の下に継続的かつ安定的に農業経営を行うと見込まれること。
3	権利を取得しようとする者が法人である場合、その法人の業務を執行する役員または農林水産省令で定める使用人のうち、1人以上の者が、その法人の行う耕作または養畜の事業に常時従事すると認められること。

(2)　法3条3項1号の問題点　　　　　　　　　　　　［422］

ア　問題点　　上記の付加された許可要件の定義ないし解釈については、以下に述べるとおり、看過できない問題点がある。前記の法3条3項1号に定める「使用貸借または賃貸借の解除をする旨の条件」について、農林水産省は、長年にわたって繰り返し「**解除条件付き**」の使用貸借による権利または賃借権という表現を使用している。しかし、このような解釈ないし説明は、誤りという以外にない。

同省の担当職員がこのような誤りに陥った理由は定かではない。おそらく、同省の担当者において、貸主（または賃貸人）が、借主（または賃借人）と、使用貸借（または賃貸借）契約を締結する際に、「農地等を適正に利用していないと認められる場合に使用貸借または賃貸借を解除する旨の条件」を書面による契約において付する、という条文の意味について法的に正しく理解できていなかったことに起因するのではないかと考える。(**注1**)　(**注2**)

イ　停止条件と解除条件　　ところで、民法127条1項は、「停止条件付法律行為は、停止条件が成就した時からその効力を生ずる。」と定め、また、同条2項は、「解除条件付法律行為は、解除条件が成就した時からその効力を失う。」と定める。前者が**停止条件**、後者が**解除条件**に関する定めである。

このような、法律行為から発生する効果の一部を制約することを内容とする定めを一般に**附款**と呼ぶ（山野目総則300頁）。民法上の附款には、期限と条件がある。

```
         ┌ 期限
  附款  ┤
         └ 条件
```

ウ　期　限　　**期限**について、民法135条1項は、「法律行為に始期を付
したときは、その法律行為の履行は、期限が到来するまで、これを請
求することができない。」と定める。これを通常、**始期**（または停止期
限）という。また、同条2項は、「法律行為に終期を付したときは、その
法律行為の効力は、期限が到来した時に消滅する。」と定める。これを
終期という。

　期限は、将来必ず到来する事実であるが、これには確定期限と不確
定期限の2つのものがある。

　確定期限は、到来する時期が確実であるものをいう（例　令和○年○
月○日に債務である100万円を支払うという約束）。また、**不確定期限**は、
到来する期限が不確定であるものをいう（例　「賃貸人は、賃借人が生
存する限り家屋を賃貸する」という約束は、不確定期限付き賃貸借である。
この場合、賃借人は将来確実に死亡する。しかし、いつ死亡するか、その日
は誰にも分からず不確定である。）。

エ　条　件　　**条件**は、将来発生するか否か不確実な事実に法律行為
の効力の発生または消滅をかからしめるものである。

　例えば、親Aと受験生Bの間で、Bが今年の大学入学試験に合格し
たら、AはBに対し、祝い金10万円をあげると書面で約束したような
場合（**停止条件**）、Bが合格することによって条件が成就し、贈与契約
の効力が発生する。その結果、BはAに対し、10万円を請求すること
ができる。

　反対に、育英会Cと学生Dの間で、CはDに対し、毎月奨学金を10
万円支給するが、仮にDが落第した場合、落第の事実が生じた日の属
する月を含め、以降の奨学金の支給を停止する、つまり奨学金支給契
約の効力が消滅すると約束したような場合（**解除条件**）、Dが落第する
ことによって条件が成就し、以降の奨学金の支給が当然に停止する。

　このように、民法上の解除条件付き法律行為であれば、条件が成就
した時から、法律行為は当然にその効力を失うことになる（民127条2
項）。

オ　法3条3項1号の条件　　ここで、農地の賃貸人をAとし、その賃借人をBとする。A・Bは、賃貸借契約書を作成するが、その中で、「仮に賃借人Bが賃貸借の目的物である農地の引渡しを受けた後、Bによって適正に利用していない事実が発生した場合、賃貸人Aは、直ちにBとの賃貸借を解除することができる。」と規定したとする。

このような約定を付して、A・B間で賃貸借契約を締結し、法3条1項許可後に農地もBに引き渡したが、Bは、数年間にわたって農地の耕作に全く着手しないどころか、一部の農地を無断で転用するに至ったとする。これは、何人が考えても、「農地を適正に利用していない事実」に当たる。

ただし、Bによる農地の不適正利用の事実が生じたからといって、直ちに契約関係が当然に解消することになるわけではない。

Aは、農業委員会への届出を経て［⇒229イ参照］、Bに対し、賃貸借を解除する旨の通知（意思表示）をする必要がある。その通知がBに到達することによって、契約関係が将来に向かって解消する。

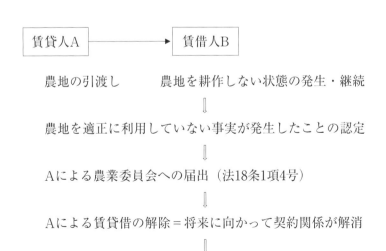

賃貸人A　　──────▶　　賃借人B

農地の引渡し　　　　農地を耕作しない状態の発生・継続
〤
農地を適正に利用していない事実が発生したことの認定
〤
Aによる農業委員会への届出（法18条1項4号）
〤
Aによる賃貸借の解除＝将来に向かって契約関係が解消
〤
AからBに対する農地の明渡しの要求

　ここで、Bが契約解除の有効性を争って裁判所に訴訟を提起した場合、裁判所の判断次第では解除無効となることもあり得る。

　このように、賃借人Bによる目的農地の不適正利用の事実が発生したとしても、その時から賃貸借の効力が当然に消滅するわけではない。依然として、A・B双方間の賃貸借契約は有効に存続しているのである。

　したがって、法3条3項1号でいう「解除する旨の条件」は、民法127条2項でいう解除条件とは全く性格が異なるものであり、上記契約の場合は、むしろ**解除特約付きの賃貸借**とみるべきである。

カ　**市町村長への通知**　　農業委員会が法3条3項の規定により1項の許可をしようとするときは、あらかじめ、その旨を市町村長に通知するものとされている（法3条4項）。この場合、通知を受けた市町村長は、市町村の区域における農地等の農業上の適正かつ総合的な利用を確保する見地から必要があると認めるときは、意見を述べることができる（同項）。

　（注1）　**農地等を適正に利用していないとは？**
　　農林水産省の定めた処理基準は、「法第4条第1項又は法第5条第1項の規定に違反して使用貸借による権利又は賃借権の設定を受けた農地等を農地等以外のものにしている場合、使用貸借による権利又は賃借権の設定を受けた農地を法第32条第1項第1号に該当するものにしている場合等をいう。」としている（処理基準第4(2)①）。
　（注2）　**解除する旨の条件＝解除条件か？**
　　ここで、農林水産省と同じ立場をとる者から、法3条3項1号について農林水産省が使っている「解除条件」という言葉は、民法127条2項の解除条件とは別物であると正しく理解した上で使用しているのであるから、ここで「解除条件」と呼んでも特に問題はないという反論があるかもしれない。しかし、仮にそのような理解であれば、最低限、その旨を通知・通達で補足説明しておくべきである。また一般論として、民法に関する基礎知識がある専門家からみた場合、「解除条件付き」○

○契約と表示された契約とは、特段の事情がある場合を除き、民法127条の解除条件付き契約と理解するのが普通である。農林水産省の担当職員は、「解除する旨の条件が付された」という言葉を単純に短縮して「解除条件付き」と呼んでも何ら疑義が生じないと考えていたのではなかろうか（「スマートフォン」を短縮して「スマホ」と呼ぶのと同じ感覚である。）。しかし、このような職務上の過誤（ミス）は、許されることではない［⇒651参照］。

3　3条5項・6項その他

(1)　許可の条件　　　　　　　　　　　　　　　　　[431]

ア　附款とは　　法3条5項は、「第1項の許可は、条件をつけてするこ
とができる。」と定める。このようなものを**附款**という（農地法の条文
上は「条件」と書かれているが、講学上は附款である。）。

　附款は、一般的にいって、許認可等の法効果について個々の法律で
規定された事項以外の内容を付加したものを指す（宇賀総論106頁）。
そして、行政処分の附款は、処分の効果を制限するため処分本体に付
加されるものといってよい（大橋総論192頁）。このように、附款論は、
行政法学においては、従来から法律が明示的に附款を定めている場合
（法定附款）以外の、いわゆる「法定外附款論」として議論されてきた
経緯がある。

$$
附款
\begin{cases}
条件 \\
期限 \\
負担 \\
撤回権の留保
\end{cases}
$$

　行政実務で用いられてきた附款には、これまで、主に上記の4つのも
のがあるとされている。条件、期限、負担および撤回権の留保である。
以下、個々に検討する。

イ　条　件　　**条件**には、前記のとおり、停止条件と解除条件がある
［⇒422エ参照］。処分の効力の発生または消滅を、将来の不確実な事
実にかからせる場合がこれに当たる。

　例えば、許可の日から一定の期間内に転用事業に着手しないと許可の効力が失われるという条件の場合、一定期間内に転用事業に着手しなかったという事実が生じると、その時点で解除条件が成就する。つまり、許可処分の効力が当然に失われる。

ウ　期限　　期限とは、前にも触れたとおり、処分の効力の発生または消滅を将来発生することが確実な事実にかからせるものである。

　例えば、期限を定めた道路占用許可がこれに当たる。期限が付された許可の期間が満了した場合に、果たして当該期限を終期と捉えて（民135条2項）、処分の効果がいったんは完全に消滅すると考えるのか、あるいは何らかの手続をとることによって期限の更新が当初から予定されているものと捉えるのかは、処分の解釈の問題となる（大橋総論192頁）。

エ　負担　　負担とは、処分の名宛人に対し、法令により課される義務とは別に課された作為または不作為義務を指すが、そのような義務は負担と呼ばれる。例えば、道路の占用許可に際し、一定額の占用料の納付を命ずるのは、作為義務にかかる負担である（塩野総論201頁）。この場合、処分の名宛人が負担義務を履行しない場合であっても、それによって処分が当然に効力を失うということはなく、処分の撤回事由となるにとどまる（同202頁。［⇒433ウ参照］）。

オ　撤回権の留保　　撤回権の留保は、処分を行うに当たって、将来処分を撤回することがあるということを予め宣言することをいう。(注)

　　(注)　撤回権の留保の実例
　　処理基準は、法3条5項の許可条件として、次のような附款（条件）を付するものとしている。すなわち、「農業委員会は、農地所有適格法人に対して法第3条第1項の許可をするに当たっては、同条第5項の規定に基づき、農地等の権利の取得後においてその耕作又は養畜の事業に供すべき農地等を正当な理由なく効率的に利用していないと認める場合は許可を取り消す旨の条件を付けるものとする。」（処理基準第3・12）。

(2)　法3条6項の意味　　　　　　　　　　　　　　　　　　　　　[432]

ア　補充行為　　法3条6項は、「第1項の許可を受けないでした行為は、その効力を生じない。」と定める。

ここでいう「許可」の性質について、最高裁は、「農地法3条に定める農地の権利移動に関する県知事の許可の性質は、当事者の法律行為（例えば売買）を補充してその法律上の効力（例えば売買による所有権移転）を完成させるものにすぎず、講学上のいわゆる**補充行為**の性質を有すると解される」としている（最判昭38・11・12民集17・11・1545）。

補充行為は**認可**とも呼ばれる。補充行為ないし認可の効力とは、次のようなものである。例えば、農地の売主Aと買主Bが耕作目的で農地を売買すると、A・B間の売買契約は成立する。しかし、売買契約のうちその中心的効果といい得る（AからBへの）所有権移転の効果は、法3条許可を受けていない時点では生じていない。

法3条許可を受けることによって、所有権がAからBへ有効に移転する。認可の場合、認可を受けないまま当事者間で法律行為が行われても、民事上の効力が否定される。そのことによって、国は、行政的な規制の実効性確保を図ろうとした（大橋総論170頁）。なお、法3条1項の許可には、講学上の**許可**の効力もあることは既に述べた［⇒215ア参照］。

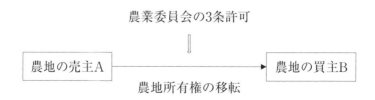

農業委員会の3条許可

‖

| 農地の売主A | → | 農地の買主B |

農地所有権の移転

イ　契約解除が行われた場合　　A・B双方が法3条許可を受け、農地

の所有権がAからBに有効に移転した後に、上記売買契約が解除され
た場合（例えば、買主Bが代金を支払わないことを原因とする売主Aによ
る契約解除があったとき）、本体である売買契約は、最初の契約時に遡
及して効力を喪失するため、所有権移転の効果も最初からなかったも
のとして取り扱われる（当初から農地の所有権はAの下にあったことに
なる。[⇒233ウ参照]）。この場合、仮に法3条許可は取り消されていな
い状態にあったとしても結論は同じである。

ウ　法定条件　　しばしば、「農地法の許可を停止条件として売買契約
を締結する」といわれることがある（例　法5条許可を停止条件とする農
地の売買）。このような表現は、必ずしも法的に誤りとはいえないが、
正確なものとは言い難い。

　なぜなら、民法の条件は、本来当事者が任意に合意で定めるものだ
からである。ところが、農地の売買、賃貸借などの法律行為（契約）を
する場合、法3条あるいは法5条の許可を受ける必要があるが、それら
は、国の法律によって受けることが義務付けられている。決して当事
者間で任意に決められることではない。このように法律で定められて
いる条件を**法定条件**という（四宮400頁）。

(3)　職権取消し　　　　　　　　　　　　　　　　　　　　[433]

ア　行政処分の瑕疵　　一般に、**行政処分の取消し**とは、既に行われた
行政処分について瑕疵が認められる場合に、当該処分を取り消すこと
をいう。ここでいう**瑕疵**とは、処分が不当または違法な場合を指す。
そして、**不当**とは、ある行為が違法とまではいえないが、行政目的に
反しており適切とはいえない状態にあることを意味し、また、**違法**と
は、ある行為が法規範（法令）に違反した状態にあることを意味すると
される（藤田総論101頁）。**(注1)**

イ　職権取消し　　ところで、行政処分に瑕疵があって、その取消し
をする場合、方法としては2つのものがある。

　第1に、処分を受けた相手方等が、行政不服申立てまたは行政訴訟（処
分の取消訴訟）を提起し、行政機関または裁判所によって処分を取り
消してもらう場合である。これらは**争訟取消し**と呼ばれる［⇒631参
照］。ただし、行政訴訟においては、取消事由は処分の違法性に限定さ
れる（裁判所は、ある処分が法令に違反しているか否かを審査するための
司法機関の性格を持つからである。）。

　第2に、行政庁が、行政処分を行った後、当該処分時に瑕疵があった
ことを理由として、自ら職権を発動して行政処分を取り消す場合であ
り、これを**職権取消し**という（宇賀総論393頁）。**(注2)**

　職権取消しは、それ自体が1個の行政処分であるから、そのための法
律上の根拠が必要となる。ただし、当初の処分の根拠規定自体が、職
権取消しの根拠となり得ると解されている（通説）。なお、取り消され
た行政処分は、当初の処分の時点に遡及して効力を失う。

ウ　処分の撤回　　処分の取消しと似たものとして**処分の撤回**があ
る。処分の撤回の場合は、撤回事由が、処分後に新たに発生した場合
に行われる。つまり、もともと瑕疵がない状態で成立した処分につい
て、その後の事情変化によって、その法律関係を存続させることが妥
当でないと判断される場合、撤回が行われる（塩野総論191頁）。

　撤回事由として考えられる例として、授益処分（例　営業許可処分、
法3条許可処分等）を受けた者が、当該授益処分の根拠法に定める義務
に違反している場合、行政庁が授益処分をするに当たって申請者側に
必要とされる免許、許可要件等が事後的に消滅した場合などが考えら
れる（同193頁）。

　例えば、農業委員会は、農地の譲受人について、農業常時従事者と
認めたため法3条1項許可を行ったが、数年後、同人が高齢のため農業

を廃止したような場合がこれに当たる。(注3)

　法3条の2第2項柱書に書かれた「許可を取り消さなければならない」という文言は、正確には撤回である。なぜなら、法3条3項の適用を受けた時点では、賃借権等の権利設定を受けることを希望する者は、許可を受けるために、当然のことであるが、賃借した農地を将来にわたって適正に利用する意思があることを表明していたと考えられるからである。処分後に賃借人による不適正な農地利用の事実が発生した場合、それは処分後に生じた新たな事実ということになる。

　なお、処分の撤回の場合は、取消しの場合と異なって遡及効がない。つまり、撤回時から将来に向かって処分の効力が失われる。

　(注1)　行政処分の瑕疵

　　行政処分の瑕疵にはいろいろなものがある。有力説によれば、①内容の瑕疵（行政処分の内容が不明確である場合）、②主体の瑕疵（無権限の行政庁が行政処分を行った場合。例えば、都道府県知事が法3条1項の許可処分を行ったような場合をいう。ただし、この場合は、むしろ重大かつ明白な瑕疵があると判断され、処分が無効とされる可能性がある。）、③手続の瑕疵（処分を行うに当たり、当然踏むべき手続が踏まれていなかったような場合をいう。例えば、ある者が農地転用の許可申請を行うに当たり、農業委員会を経由することなくいきなり都道府県知事に対し申請書を提出し、同知事において誤って許可または不許可の処分を行ったような場合を指す。）、④判断過程の瑕疵（行政庁が錯誤に陥って処分をした場合、行政庁が私的な欲望を満たすために許可権限を濫用したような場合）等に区分することができる（宇賀総論364頁）。

　(注2)　職権取消しの可否

　　授益的行政処分の取消しについては、法治主義の原則からは取消しが求められ、他方、信義則からすると取消しの制限が要請され、いわば対立状況が認められる。基本的には、処分を受けた本人に不正行為などの帰責事由が認められる場合を除き、個々の事案ごとの利益衡量によって結論を出すべきであると考える（大橋総論187頁）。

（注3）　撤回権行使の制限

　処分を受けた関係者の法的安定性を保護する必要があるという観点
から、撤回権の行使については制限があると解するのが通説である。
次のように整理することができる。第1に、相手方に対し不利益を与
える処分については撤回が自由である。第2に、相手方に対し権利利
益を与える授益的な処分については、相手方の責めに帰すべき事情が
ない限り、原則として、撤回することはできない。第3に、同様に授益
的行為であっても、これを撤回する必要が公益上極めて大きい場合は
撤回することが許される（藤田総論236頁）。なお、風営法に基づく営
業許可の取消し（正確には撤回）が争われた事件について、「許可後の
取消し（撤回）の場合には、当初の許可の是非の判断と異なり、当初の
許可を前提として新たな法律秩序が次々と形成されているから、違反
行為の性質、態様などに伴う取消し（撤回）の必要性、取消し（撤回）
による相手方への影響の程度も比較考量の上、取消し（撤回）の是非
を判断するのが相当であると解される。」と判示したものがある（東京
高判平11・3・31判時1689・51）。

(4)　不利益処分を行う際の手続　　　　　　　　　　　　　　　　［434］

ア　不利益処分　　行政手続法において、**不利益処分**とは、「行政庁が、
法令に基づき、特定の者を名あて人として、直接に、これに義務を課
し、又はその権利を制限する処分をいう。」と定義されている（2条4号）。

　上記のうち、特定人の権利を制限する処分とは、当該処分の直接の
効果として、その相手方がそれまで保有していた具体的な権利（法律
上保護されるべき権利利益）の範囲を限定し、またはその内容を相手方
に不利益に変更する行為を指すと解される（逐条行手28頁）。

　処分の取消しまたは撤回は、いずれも行政手続法で定義された不利
益処分に該当する（なお、前にも触れたが、許可申請に対し、不許可処分
を行うことは、不利益処分には該当しない。行手2条4号ただし書ロ）。

　例えば、農地の売主Aと買主Bが、A所有の農地を売買する契約を結び、農業委員会に対し、法3条許可を求めて申請したところ、許可処分が下されたとする。法3条の許可処分は、補充行為（または認可）の性質を持つため、農地の所有権が、AからBに移転する［⇒432参照］。ところが、当該許可処分が取り消された場合、同処分は最初から無かったことになり、農地の所有権は、売主Aに戻ることになる。

　その結果、売買契約当事者であるAまたはBの利益が害されることは明白である。よって、処分の取消しまたは撤回は、行政手続法の不利益処分に当たる。

イ　意見陳述のための手続　　行政庁が、不利益処分をしようとする場合、その処分が、許可の取消しまたは撤回に当たる場合は、当該処分の名宛人に対し、**意見陳述のための手続**（聴聞）をとらなければならない（行手13条1項1号イ）。

　具体的には、不利益処分の名宛人となるべき者に対し、**聴聞の通知**を行う（行手15条1項）。聴聞の通知は、不利益処分の名宛人となるべき者において、自分に対し不利益処分が行われようとしていることおよびそれに際し聴聞手続がとられることを認識し、自らの権利利益を守るための準備を行う上で重要な手続といえる（逐条行手195頁）。

ウ　聴聞手続を経て行われる不利益処分の決定　　聴聞手続に関する細かい規定が、行政手続法15条から25条までに置かれている。聴聞は、行政庁が指定する職員その他政令で定める者が主宰する（行手19条1項）。この者を**聴聞の主宰者**という。

　行政庁は、不利益処分を決定するときは、同法24条1項の調書（**聴聞調書**）の内容および同条3項の**報告書**に記載された主宰者の意見を十分に参酌して行わなければならない（行手26条）。

　また、不利益処分をする場合には、同時に不利益処分の理由を示さなければならない（行手14条1項本文。[⇒324参照]）。

エ　**審査請求の制限**　　行政手続法27条は、「この節の規定に基づく処分又はその不作為については、審査請求することができない。」と定める。これは聴聞手続において、処分の名宛人に対し、自分の権利利益を守るための手厚い手続的保障がされていることに鑑み、事後に改めて審査請求をすることを認める意義が乏しいと考えられるためである。したがって、聴聞手続を経て、例えば、処分庁が、相手方に対し、法4条許可処分を取り消す旨の決定を行った場合、相手方は、行政不服審査法に基づく審査請求をすることはできない。

(5)　許可申請書の記載事項　　　　　　　　　　　　[435]

ア　**農地法施行令**　　法3条1項の許可を受けようとする者は、農林水産省令で定める事項を記載した申請書を農業委員会に提出しなければならない（農地法施行令1条）。

イ　**申請書の記載事項**　　農地法施行令1条の規定を受けて、農地法施行規則11条柱書は、「令第1条の農林水産省令で定める事項は、次に掲げる事項とする。」と定めている。

ウ　**添付書類**　　同じく、農地法施行令1条の規定を受けて、同規則10条2項柱書は、「令第1条の規定により申請書を提出する場合には、次に掲げる書類を添付しなければならない。」と定めている。

第 5 章

4条・5条の処分

5

5

1　転用の許可申請手続

(1)　農地の転用　　　　　　　　　　　　　　　　　　　［511］

ア　農地の転用　　**農地の転用**とは、農地を非農地化することであり、例えば、農地を宅地、駐車場、工場用地等に変えることが転用に当たることに異論はない。また、農地の形質に変更を加えない場合であっても、農地を耕作の目的に供することができない状態にしたと評価できれば、農地の転用に当たると解する見解がある（解説106頁）。具体的には、農地を公園の花壇の用に供する場合、農地に材木の育成を目的として植林する場合等が示されている。

　ある行為が、農地法の定義する農地の非農地化行為に該当するか否かは、事実認定の問題となる。許可権者と申請者の見解が異なり、仮に法的紛争に発展した場合、最終的な判断は裁判所が行う。

イ　農作物栽培高度化施設　　これに関連して、法43条1項は、農林水産省令で定めるところにより、農業委員会に届け出て**農作物栽培高度化施設**の底面とするために農地をコンクリートその他これに類するもので覆う場合、当該農地については、農作物栽培高度化施設において行われる農作物の栽培を耕作に該当するものとみなして、農地法を適用すると定めている。

　やや回りくどい内容の条文となっているが、要するに、農作物栽培高度化施設を設置する場合は、農地法の転用許可を要しないとしたものである。届出書の記載事項は、農地法施行規則88条の2第1項が定め、また、届出書に添付する書類についても、同条2項に示されている。

　なお、農作物栽培高度化施設の定義は、法43条2項が定めており、「農

作物の栽培の用に供する施設であって農作物の栽培の効率化又は高度
化を図るためのもののうち周辺の農地に係る営農条件に支障を生ずる
おそれのないものとして農林水産省令で定めるものをいう。」とされ
ている。その詳細な要件は、農地法施行規則88条の3に委任されてい
る。(注)

(注)　施設園芸用地等の取扱いについて
　　　農林水産省は、「施設園芸用地等の取扱いについて（回答）の運用の
　　明確化について」（平成31・3・7　30経営2825号）という通知を発して
　　いる。これによれば、農地にコンクリート等で舗装した通路、進入路、
　　機械・設備等を設置する場合であっても、①当該用地部分が、当該農
　　地の農作物の栽培に通常必要不可欠なものであり、②その農地から独
　　立して他用途への利用または取引の対象となり得ると認められるもの
　　でないかにより、当該用地部分も含めた土地全体を農地法上の農地と
　　して取り扱うか否かの判断を行うことが適当であるとの基準を示しつ
　　つ、一方で、当該用地部分をコンクリート等で舗装したことをもって、
　　一律に農地として取り扱わないと判断することは適切でない、という
　　解釈を示している。思うに、2アール未満の農業用施設の設置につい
　　ては、一定の要件の下、農地の転用許可を要しないとされている（規
　　29条1号）。この規定との均衡を図るためにも、上記の設備等について
　　も、転用許可を要しない場合があるとの方針を示したものといえよう。
　　ただし、このような運用は、場合によってはご都合主義との批判を受
　　けかねない。本書は、農地法は厳格に解釈する必要があるとの立場か
　　ら、上記規則29条1号に該当する場合を除き、農地上に付帯設備を設置
　　することは、原則として、転用行為に当たると解する。

(2)　転用許可の対象となる行為　　　　　　　　　　　[512]

ア　事実行為　　許可の対象となる行為は、「農地を農地以外のものに
する」行為である（法4条1項）。このような行為を、一般に**転用行為**と
呼ぶが、これは**事実行為**である。つまり、農地を農地以外のものにす
るという事実自体が許可の対象とされるということである。

イ　禁止の解除　　ここでいう「許可」は、法3条1項許可のところでも触れたが、法律による一般的禁止を解除する効果を持つ行政処分であり、講学上の**許可**に相当する［⇒215ア参照］。

　許可を受けることで、禁止が解除され、転用行為をする自由が回復される。したがって、許可処分自体が転用者の権利に対して何らかの影響を与えることはない。

　例えば、A所有の農地甲を無権原で不法に耕作しているBが、許可権者であるC県知事に対し、法4条の許可を申請し、仮にC県知事から同許可を受けることができたとしても、Aの農地所有権に対し影響が及ぶものではなく、また、右許可を受けたBについても何らかの権利が生ずることになるわけではない（同旨広島地判昭42・6・14訟月13・8・957）。

(3)　法4条・5条の許可権者　　　　　　　　　　　［513］

ア　**法4条・5条許可**　　法4条は、農地を農地以外のものにする場合に関する許可である。通常、法5条の許可と並んで**転用許可**といわれる。

　許可権者は、原則的に**都道府県知事**であるが、農地等の農業上の効率的かつ総合的な利用の確保に関する施策の実施状況を考慮して農林水産大臣が指定する市町村（**指定市町村**）の区域内にあっては、**指定市町村の長**となる（両者を併せて「**都道府県知事等**」という。法4条本文）。（注1）

$$\text{法4条の許可権者} \begin{cases} \text{原則} \quad \text{都道府県知事} \\ \\ \text{例外} \quad \text{指定市町村の長} \end{cases} \Bigg\} \text{都道府県知事等}$$

イ　許可除外　　法4条1項各号に規定された事由に該当する場合は、いわゆる許可除外となるため、例外的に、同条の許可を受ける必要がない。

　例えば、国または**都道府県等**（都道府県または指定市町村を指す。）が、道路、農業用用排水施設その他の地域振興上または農業振興上の必要性が高いと認められる施設であって農林水産省令で定めるものの用に供するため、農地を農地以外のものにする場合（法4条1項2号）、**土地収用法**その他の法律によって収用し、または使用した農地をその収用または使用にかかる目的に供する場合（同6号）、**市街化区域内にある農地**を、政令で定めるところにより、あらかじめ農業委員会に届け出て農地以外のものにする場合（同7号）などこれに当たる。なお、その他農林水産省令で定める場合も、許可除外とされている（同8号）。**(注2)**　**(注3)**　**(注4)**

　（注1）　条例による事務処理の特例
　　地方自治法252条の17の2第1項の規定により、都道府県知事の権限に属する事務の一部を市町村が処理することが認められている。これを**条例による事務処理の特例**という。この場合、農地転用許可権者は市町村長となる。事務移譲を受けた市町村長は、さらにその権限に属する事務の一部を農業委員会に委任することもできる（自治180条の2）。このような**長の権限の委任**とは、長が自己の権限の一部を受任者に移す行為であり、以降、受任者の権限として行われることになる（権限の分配変更）。その結果、市町村の農業委員会が農地転用の許可権限を持つに至ることがある。
　（注2）　市街化区域内の農地転用
　　法4条1項7号により、市街化区域内の農地の転用については、許可を受けるのではなく、農地の所在する農業委員会に対し届出をすることとされている（令3条1項）。この**届出**であるが、行政手続法37条が定める届出とは異なる。なぜなら、同条が定める届出の場合は、一定の事柄を公の機関に知らせることを意味し、申請のように、届出を受けた

行政庁に対し、何らかの行為を求めるものではないからである（逐条行手283頁）。法4条1項7号の届出の場合、農業委員会は、届出書の提出があった場合、当該届出を受理したときはその旨を、また、受理しなかったときはその旨およびその理由を、遅滞なく届出者に書面で通知しなければならないとされている（令3条2項）。法令によって応答することが義務付けられているのである。申請か届出かを判断するに当たっては、法律の文言は決め手にはならない。届出という文言が使用されていても、行政庁が届出要件を具備しているか否かの点を実体的に審査し、審査の結果、届出要件を充足したことを認める旨の表示に一定の法的効果の発生が結び付いているときは、申請と解釈される（大橋総論226頁）。本書も同じ立場をとる。農地転用の届出の場合、農業委員会が、届出者に対し受理通知書を交付すれば、それによって法令による一般的禁止が解除され、届出者は、適法に農地転用事業を行うことができるという法的効果が生じる（なお、届出の効力が発生するのは届出書が農業委員会に到達した日である。規28条3号）。

(注3)　農林水産省令で定める場合

　その他農林水産省令で定める場合も、許可除外とされている（法4条1項8号）。例えば、耕作の事業を行う者がその農地をその者の耕作の事業に供する他の農地の保全・利用の増進のため、またはその農地（2アール未満のものに限る。）をその者の農作物の育成・養畜の事業のための**農業用施設**に供する場合（規29条1号）、電気事業者が**送電用・配電用の施設**（電線の支持物及び開閉所に限る。）などの敷地に供するため農地を農地以外のものにする場合（同条13号）等の場合がある。

(注4)　法4条8項の場合

　国または都道府県等が、自ら、学校、社会福祉施設、病院、庁舎（都道府県庁、指定市町村が設置する市役所、都道府県警察本部など）等を設置しようとする場合（法4条1項各号のいずれかに該当する場合を除く。）、原則として、転用許可を受ける必要がある。ただし、国または都道府県等と、都道府県知事等との間で**協議**が成立することをもって転用許可があったものとみなされる（法4条8項、規25条）。

(4)　許可申請の手続　　　　　　　　　　　　　　　　　　　　　[514]

ア　申請手続の流れ　　許可権者による転用許可処分（または不許可処分）に至るまでの手続は、次に示すとおりとなる。

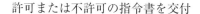

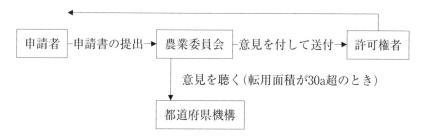

イ　申請書の提出　　転用許可を受けようとする者は、農林水産省令で定めるところにより、同省令で定める事項を記載した申請書を、農業委員会を経由して、都道府県知事等（許可権者）に提出しなければならない（法4条2項）。

　許可申請書に記載する必要がある事項は、次に掲げる事項である（規31条1号～7号）。

①　申請者の氏名および住所（法人にあっては、名称、主たる事務所の所在地および代表者の氏名）

②　土地の所在、地番、地目および面積

③　転用の事由の詳細

④　転用の時期および転用の目的にかかる事業または施設の概要

⑤　転用の目的にかかる事業の資金計画

⑥　転用することによって生ずる付近の農地、作物等の被害の防除施設の概要

⑦　その他参考となるべき事項

　また、申請書に添付する必要のある書類についても同様に定められている（規30条1号〜7号）。

ウ　**農業委員会の処理**　　農業委員会は、申請書の提出があったときは、農林水産省令で定める期間内に、当該申請書に意見を付して、都道府県知事等に送付しなければならない（法4条3項）。

　農業委員会が、上記の意見を述べようとする際、転用予定面積が30アールを超えるときは、農委法43条1項に規定する**都道府県機構（農業委員会ネットワーク機構）**の意見を聴かなければならない（法4条4項）。また、農業委員会は、（予定面積が30アール以下であっても）意見を述べるため必要があると認めるときは、都道府県機構の意見を聴くことができる（法4条5項）。

　農業委員会がこれを聴いたときは、当該意見を踏まえて農業委員会の意見書を作成する必要がある（意見書の様式は、事務処理要領第4・1(4)が、様式例第4号の3として示している。）。

エ　**申請書を送付すべき期間**　　申請者から農業委員会に対し申請書の提出があったときは、申請書の提出があった日の翌日から起算して40日（都道府県機構の意見を聴くときは80日）以内に、都道府県知事等に送付しなければならない（法4条3項、規32条）。

　なお、標準処理期間については、既に述べた［⇒325参照］。

オ　**農林水産大臣との協議**　　都道府県知事等が、転用予定面積が4ヘクタールを超える農地について許可をしようとするときは、当分の間、**農林水産大臣との協議**をしなければならない（法附則2項）。

2　転用の許可要件

(1)　法4条の許可要件　　　　　　　　　　　　　　　　　　[521]

ア　難解な許可要件の定め　　法4条の許可要件は、一般的な行政法令
と比べ分かりにくい構造となっている（一般国民が農地法の内容を容易
に理解できるようにするための工夫・配慮の跡は一切認められない。）。

　法4条の許可要件は、同条6項柱書において、「第1項の許可は、次の
各号のいずれかに該当する場合には、することができない。」と定めら
れている。したがって、許可権者は、各号のいずれかに該当すれば法
4条の許可（転用許可）をすることができない。

　ところが、そのただし書で、同項1号・2号に掲げる場合において、
①土地収用法26条1項の規定による告示にかかる事業の用に供するた
め農地を農地以外のものにしようとするとき、②1号イに掲げる農地
を農業振興地域の整備に関する法律（以下「**農振法**」という。）8条4項に
規定する**農用地利用計画**において指定された用途に供するため農地以
外のものにしようとするとき、③その他政令で定める相当の事由があ
るときは、この限りでないと定める。仮にこれらの例外に該当すれば、
法4条の許可を受けることが可能となる（ただし、必ず許可を受けられる
という意味ではない。）。

イ　性質の違う基準の並列　　また、法4条6項各号の条文には、2つの
異なった性格の基準が並列的に置かれている。

　第1に、**立地基準**というものがある。これは、転用の対象となる農地
がどのような営農条件下にあるのか、また、当該農地の周辺の土地の
市街地化の状況などに応じて審査を行うという性格のものである（法

4条6項1号・2号）。立地基準によれば、転用対象農地は5つのものに分類することができる。

　第2に、**一般基準**というものもある。これは、転用事業の確実性および周辺農地に対する影響を考慮して、許否を判断するものである（同項3号〜6号）。この点は、後に述べる［⇒541参照］。

ウ　立地基準の条文構造　　法4条6項の定めによって、申請に対する許可の可否判断は、まず以下の立地基準に従って行われる（要件の詳細は、農地法施行令および農地法施行規則で定められる。）。**(注1)　(注2)**

4条6項1号　　⇒イ・ロは原則許可できない

　イ　農用地区域内の農地（**農用地区域内農地**）

　ロ　集団的に存在する農地その他良好な営農条件を備えた農地

　　　上記農地のうち、政令で定める要件（令5条）を満たす農地（**第1種農地**）

　　　第1種農地に該当する農地のうち、政令で定める要件（令6条。市街化調整区域内にある特に良好な営農条件を備えた農地）を満たす農地（**甲種農地**）

　　ロかっこ書(1)・(2)の示す基準によって区分される農地

　　　(1)　市街地の区域内または市街地化の傾向が著しい区域内にある農地（**第3種農地**）　　⇒許可できる

　　　(2)　上記の区域に近接する区域その他市街地化が見込まれる区域内にある農地（**第2種農地**）　　⇒2号と同じ

4条6項2号　　⇒2号は代替地があれば許可できない

　　　前号イ・ロ（(1)を含む）に掲げる農地以外の農地（**第2種農地**）

（注1）　法4条6項1号・2号について

　法4条6項1号は、通常の条文のように、条、項、号という体裁をとっておらず、条、項、号、イ・ロ・・という体裁をとっており（同様のものは、法2条3項2号にある。）、また、かっこ書で重要な例外を定めたり、あるいは重要な要件を下位の法令に委任したりするなど理解が容易でない構造となっている。前にも触れたが、法4条6項柱書（本文）は、「第1項の許可は、次の各号のいずれかに該当する場合には、することができない」と定める（以下、原則として、法4条6項を「6項」という。）。そして、難解複雑な立地基準として、6項1号と同2号が置かれている。上記のとおり、6項1号に該当する農地は転用許可をすることができない。1号のうち、イは農用地区域内にある農地であって定義は明確である。運用通知は、これを文字どおり「**農用地区域内にある農地**」と区分する（第2・1(1)ア。[⇒115イ参照]）。農用地区域内にある農地は転用許可をすることができない。次に、1号ロであるが、「イに掲げる農地以外の農地で、集団的に存在する農地その他の良好な営農条件を備えている農地として政令で定めるもの」を掲げる。よって、1号ロの農地から、上記1号イの農用地区域内の農地は除外される。運用通知は、1号ロの農地を「**第1種農地**」と区分する（第2・1(1)イ）。第1種農地についても転用許可をすることができない。ところが、1号ロにおいて、かっこ書は、「市街化調整区域内（・・・）にある政令で定める農地以外の農地にあっては、次に掲げる農地を除く」と定める。このことから、上記かっこ書の農地は2つに分かれ、市街化調整区域内の農地のうち政令で定める要件（令6条）に適合したものと、それ以外のものに分かれる（この中には、上記第1種農地のほか、市街化調整区域内の農地であっても農地法施行令6条の要件に適合しないものが含まれると解される。）。これら2つに区分された農地のうち、前者を、運用通知は、「**甲種農地**」と区分する（第2・1(1)ウ）。甲種農地についても転用許可をすることはできない。ここで、6項1号ロかっこ書をどう解釈するのかという問題が生じる。思うに、6項各号は、もともと農地転用の許可をすることができない場合（不許可事由）を列挙したものである。したがって、6項1号ロかっこ書でいう、甲種農地以外の農地にあっては、「次に掲げる農地を除く」という文言の意味は、6項本文のい

う「許可することができない」という基本原則から、これらの場合を除外する、つまり、6項1号ロ(1)・(2)の区分に該当する農地であれば、転用許可を禁止する対象農地から外され、許可権者が許可をすることができる場合を示した条文であると解する。運用通知は、6項1号ロ(1)に当たる農地を「**第3種農地**」と区分し、また、同号ロ(2)に当たる農地を「**第2種農地**」と区分する。なお、6項2号は、「前号イ及びロに掲げる農地（同号ロ(1)に掲げる農地を含む。）以外の農地を農地以外のものにしようとする場合」について定めるが、要するに、農用地区域内農地、第1種農地、甲種農地および第3種農地以外の農地、すなわち、ロ(2)の第2種農地のみに対し、6項2号の許可基準が適用されることになると解される。以上をまとめると、法4条6項1号イの農用地区域内農地、同号ロの第1種農地・甲種農地については、許可をすることができない（不許可事由に当たるため。）。次に、第2種農地については、6項2号の許可要件が適用される（申請にかかる農地に代えて周辺の他の農地を供することで転用事業目的が達成できると認められるときは許可をすることができない。）。第3種農地については、不許可事由に該当しないため許可をすることができる、ということになる。

(注2)　法4条6項1号・2号の問題点

　上記のとおり、法4条6項に掲げられる農地は、同項1号イの「農用地区域内農地」、同号ロの「第1種農地」、同号ロの「市街化調整区域内農地（甲種農地）」、同号ロかっこ書(1)の「第3種農地」、同号ロかっこ書(2)の「第2種農地」および法4条6項2号の「第2種農地」という分類となる。これらの区分のうち、農用地区域内農地と甲種農地については、農振法または都市計画法によって区域が画されているため、定義に該当するか否かの判断を比較的容易に行うことができる。他方、第1種農地、第2種農地および第3種農地については、法令でその基本的定義ないし要件が定められているが、抽象的・観念的なものにすぎない。よって、より具体的で詳細な判断基準が必要となるため、農林水産省は、運用通知を発するに至ったと考えられる［⇒321参照］。上記区分には、次のような問題点がある。本来、法4条6項の示す「第1種農地」、「第2種農地」または「第3種農地」の定義（要件）は、事実を基礎とした法的評価にほかならないと考えるが、これらの相互関係は必ずしも

明確でない。つまり、これらは、相互に排他的関係にあるのか、あるいは同時に重複し得る関係にあるのか、その点が法令上は必ずしも明確でない。この点、6項1号ロかっこ書から、第1種農地の中には甲種農地が含まれる関係にあると読めるため、同時に重複する概念と解することが可能である。一方、同じくかっこ書の中で「次に掲げる農地を除く」という条文があるが、この場合、第2種農地および第3種農地が、第1種農地の区分から排除され、別個の区分（単に許可要件に変動を生じるという意味ではなく、農地としての評価が変わるという意味である。）に移行するとも読める。この点について、運用通知は、後記のとおり、ある農地が、第1種農地の要件に該当するものであっても、第2種農地または第3種農地の要件に該当するものは、第1種農地ではなく、第2種農地または第3種農地として区分されると解釈している。

(2)　運用通知からみた立地基準の一覧表　　　　　　　　［522］

立地基準からみた許可の可否　　運用通知［⇒115イ参照］は、その第2・1(1)において、立地条件からみた許可の可否を判断する基準を示している。以下、農林水産省の考え方を簡略化して示す。(注1)

立地基準からみた許可の可否

立地基準	要　件	許可の基準
農用地区域内にある農地（法4条6項1号イ）	農振法8条1項の農業振興地域整備計画において農用地等として定められた区域内の農地	原則として、許可をすることができない。
良好な営農条件を備えている農地（**第1種農地**。法4条6項1号ロ）	法4条6項1号ロに掲げる農地のうち、市街化調整区域内にある甲種農地以外のもの（第1種農地）は、良好な営農条件を備えている農地として、所定の要件に該当するもの。	原則として、許可をすることができない。

市街化調整区域内にある特に良好な営農条件を備えている農地（甲種農地。令6条）	甲種農地は、第1種農地の要件に該当する農地のうち、市街化調整区域内にある特に良好な営農条件を備えている農地として、所定の要件に該当するもの。	原則として、許可をすることができない（なお、第1種農地より許可が制限される）。
市街地の区域内または市街地化の傾向が著しい区域内にある農地（第3種農地。法4条6項1号ロ(1)）	第3種農地は、農用地区域内にある農地以外の農地のうち、市街地の区域内または市街地化の傾向が著しい区域内にある農地で、所定の区域内にあるもの。なお、申請にかかる農地が第3種農地の要件に該当する場合は、同時に第1種農地の要件に該当する場合であっても第3種農地として区分される（法4条6項1号ロかっこ書）。	許可をすることができる。
第3種農地に近接する区域その他市街地化が見込まれる区域内にある農地（第2種農地。法4条6項1号ロ(2)）	第2種農地は、農用地区域内にある農地以外の農地のうち、第3種農地の区域に近接する区域その他市街地化が見込まれる区域内にある農地で、所定の区域内にあるもの。なお、申請にかかる農地が第2種農地の要件に該当する場合は、同時に第1種農地の要件に該当する場合であっても第2種農地として区分される（法4条6項1号ロかっこ書）。（注2）（注3）	申請にかかる農地に代えて周辺の他の土地を供することにより当該申請にかかる事業の目的を達成することができると認められる場合には、原則として、許可をすることができない。
その他の農地（第2種農地）	農用地区域内にある農地以外の農地であって、甲種農地、第1種農地、第2種農地（上記の第2種農地を指	第2種農地の場合と同様である。

す）および第3種農地のいずれの要件にも該当しない農地である。具体的には、中山間地域等に存在する農業公共投資の対象となっていない小集団の生産性の低い農地等が該当する。(注4)	

（注1）　運用通知の問題点

　農林水産省が作成した運用通知をみると、法4条6項1号・2号で定められた農地について、上記のとおり、同省において5つの名称を適宜付した上で、転用のための許可要件を定めている。しかし、高度経済成長の時代が終わり、平成元年頃から令和の時代に至るまで一貫して農地転用面積が減少傾向にある現代の日本では、このような過剰とも思える農地の分類基準を維持する必要性は乏しい。農地法自体を改正し、農地区分の内容を簡素化すべきであろう。農地は、農業という国の重要な産業を支える基盤であって極めて重要なものである。農地転用とは、その貴重な農地を農地以外のものにしようとするものである。食料自給率30パーセント台という低水準にある日本においては、農地の転用は極力抑制するのが基本原則のはずである。優良農地の保全（農業生産力の維持・向上）が一番重要であり、農地の転用を認めることは、あくまで例外的な措置にすぎないと考える。このような観点に立てば、転用許可処分の対象となる農地は、「転用不許可農地」、「例外的転用許可農地」、「原則転用許可農地」の3区分程度にすれば十分であろう。要するに、許可事務を現在よりも簡素化・効率化すべきである。農地転用許可事務という余り生産性の認められない仕事に関し、地方公共団体の職員のマンパワーを無駄使いさせることは改めるべきである。

（注2）　運用通知にあるただし書

　運用通知は、第2・1(1)イ(ア)ただし書の中で、申請にかかる農地が、第1種農地の要件に該当する場合であっても、法4条6項1号ロ(1)に掲げる農地（これを「第3種農地」という。）の要件または同号ロ(2)に掲

げる農地（これを甲種農地、第1種農地または第3種農地のいずれの要件にも該当しない農地と併せ「第2種農地」という。）の要件に該当するものは、第1種農地ではなく、第2種農地または第3種農地として区分される（法4条6項1号ロかっこ書）と解釈する。この立場によれば、第1種農地と、第2種農地・第3種農地の相互関係について、ある農地が、第1種農地の要件に適合し、同時に、第2種農地・第3種農地のグループの要件に適合した場合、当該農地は、前者の評価から排除されると考えているようである。これは、一般法と特別法の関係に類似する捉え方といえよう。このような考え方に立った場合、「特別法優先の原則」が働き、特別法のルールに従って処分の可否を決定することが可能となる。なお、第2種農地と第3種農地の関係について、ある農地が、第2種農地の要件を満たしていても第3種農地の要件に該当する場合には、第3種農地に区分されるとする見解がある（解説145頁）。この見解によれば、第2種農地と第3種農地の関係は、やはり前者が一般法、後者が特別法という思考方法をとっているようである。このように、立地基準の概念は、原則的に相対的なものと考えられる。

(注3)　立地基準の疑問点

　農林水産省が制定した運用通知第2・1(1)の示すところによれば、立地基準とは、「営農条件等からみた農地の区分に応じた許可基準（以下「立地基準」という。法第4条第6項第1号及び第2号）。申請に係る農地を、その営農条件及び周辺の市街地化の状況からみて区分し、許可の可否を判断することとされている。」と定義される。一言でいえば、立地基準とは、許可の可否を決定するための前提となる農地の評価（格付け）であると理解できる。その場合、農地の評価＝立地基準は、許可の可否に関わる重要事項であるから、本来は、それぞれの定義が重複するなどの矛盾が生じないよう制定する必要があった。例えば、農地法において、地方公共団体が処理するとされている事務には、第1号法定受託事務、第2号法定受託事務および自治事務の3種類のものがあるが、それらは法令によって、お互いが明確に区分されており、それぞれの事務が重複するということはない。ところが、運用通知が定める農地の区分（立地基準）の場合、上記のとおり相対的概念であるため、複数の農地区分が重複する現象が起こっている。しかも前記のと

おり、例えば、集団的に存在する農地その他良好な営農条件を備えた農地であり、政令の要件を満たしたものであっても（第1種農地）、転用可能な第2種農地・第3種農地の立地基準に該当すると、そちらの方が優先適用され、結局、転用が可能となるとされている。これは、農業生産力の確保が重要という立場から考えた場合、おかしな現象と言わねばならない。本来であれば、法律案を準備する段階から、農地区分上の重複が起こらないよう慎重に準備する必要があった。ところが、法4条6項1号・2号は、想像するに、時間的余裕が十分になかったようであり、短い条文の中に無理やり複数の重要な要件を詰め込もうとしたようである。立法技術的には明らかな瑕疵が認め難いというだけの代物であって、上記のとおり不完全なものである。第三者からみた場合、欠陥立法（悪文）の見本と言う以外にない。

(注4)　その他の農地について

　運用通知は、第2・1(1)カ(ア)において、「**その他の農地**」という区分を示し、中山間地域等に存在する生産性の低い農地等を想定し、これをかっこ書で「第2種農地」と命名する。しかし、このような取扱いは法的にみた場合、やや疑問がある。本来の「第2種農地」と「その他の農地」の相互関係が不明確だからである。推測するに、法4条6項2号は、「前号イ及びロに掲げる農地（同号ロ(1)に掲げる農地を含む。）」という表現をとっていることから、上記に明示された農用地区域内農地、甲種農地、第1種農地および第3種農地以外のすべての農地と、本来の第2種農地の関係が問題となる。上記「すべての農地」から、本来の第2種農地を控除した残部が、おそらく「その他の農地」という位置付けになるのではないか。そうすると、第2種農地と「その他の農地」は別物ということになるはずである。しかし農林水産省の通知は、両者とも「第2種農地」と取り扱っているようにみえる。いかなる理由で、第3種農地の区域に近接する区域その他市街地化が見込まれる区域内にある農地と、市街地から遠く離れた中山間地に存在する「その他の農地」を同じ第2種農地として区分することができるのか、その理由が明確でない。これは推測であるが、許可基準としてみた場合は、双方とも同じ転用許可基準が適用されることになるのであるから、立地基準の区分としては、双方とも第2種農地であって特に問題はないという

理解かもしれない。しかし、5つの典型的類型に属さない農地（その他の農地）についても、農地転用という行政処分の対象とされるのであるから、いささかの誤解も生じないよう法令で明確に位置付けをすべきである。なお、第2種農地の判断基準について、法4条6項2号の条文を示した上、「農用地区域内農地、第1種農地（甲種農地を含む。）及び第3種農地」以外の農地をいい、法4条6項1号ロ(2)の農地以外に「農業公共投資の対象となっていない小集団の生産力の低い農地が該当する。」と説明する立場があるが（解説146頁）、上記の理由から賛成できない。

3　立地基準

(1)　農用地区域内農地　　　　　　　　　　　　　　　　　　[531]

ア　農用地区域内農地　　**農用地区域内農地**は、原則として、転用する
ことができない。まず、農振法を根拠として、都道府県知事は、**農業
振興地域**を指定する（農振6条1項）。

　指定の要件として、自然的経済的社会的諸条件を考慮して一体とし
て農業の振興を図ることが相当であると認められる地域であって、農
振法6条2項各号の掲げる要件の全てを備える必要がある。その際、農
業振興地域は、都市計画法による市街化区域については指定してはな
らないとされている（同条3項）。また、市町村において**農業振興地域
整備計画**を定めるものとされているが、その中で、農用地等として利
用すべき区域が、**農用地区域**とされる（農振8条2項1号）。

$$農用地区域 \begin{cases} 農用地 \\ 混木林地 \\ 土地改良施設用地 \\ 農業用施設用地 \end{cases}$$

イ　農用地区域の区分　　農用地区域は、**農用地**、**混木林地**（木材の育
成に供され、併せて耕作または養畜の業務のための採草または家畜の放牧
の目的に供される土地）、**土地改良施設用地**（農用地または混木林地の保
全または利用上必要な施設の用に供される土地）、**農業用施設用地**（耕作
または養畜の業務のために必要な農業用施設で農林水産省令で定めるもの

の用に供される土地）の4つに区分される（農振3条）。なお、農業振興地域の全てが必ずしも農用地区域として定められているわけではない（ほかに道路、水路、農業集落、山林原野等があると推定されるが、これらは農用地区域には含まれない。）。

ウ　農用地区域からの除外　　仮に農用地区域内にある農地を転用しようとした場合、それは原則的に不可能に近いため、それを可能にするには、当該農地を農用地区域から除外する必要がある。これは、法的には農業振興地域整備計画の変更に当たる（農振13条1項）。その際、当該市町村の長は、農業委員会の意見を聴くものとされている（農振規3条の2第2項）。

　また、農振法13条2項柱書は、「（・・・）農用地区域内の土地を農用地区域から除外するために行う農用地区域の変更は、次に掲げる要件の全てを満たす場合に限り、することができる。」と定める。その際、実務上、農地を分家住宅、駐車場等に転用したい希望者（事業計画者）から、農用地利用計画変更申出書（ただし、法定外文書であるため、名称・記載事項は統一されていない。）を市町村に提出させ、それを基に市町村による除外の事務が進められることが少なくない。

エ　関係判例　　ここで、農用地区域内の農地所有者から、市町村に対し、当該農地の農用地区域からの除外（農業振興地域整備計画の変更）を求めることができるかという問題がある。結論を先にいえば、認めることはできない。農振法には、農地所有者等について申請権を認める根拠規定が存在しないからである［⇒121エ参照］。

　上記の農用地利用計画変更申出書を提出する行為は事実上のものにすぎず、仮に同申出書を提出された市町村において当該申出を拒否したとしても、その拒否行為も事実行為にすぎず、当然、処分性を認めることもできない（千葉地判平6・2・23行集45・1〜2・147）。

　なお、市町村が行った農用地区域からの除外について、除外対象と

された農地の隣地所有者が、当該行為は違法かつ無効であると主張した行政事件について、「農業振興地域整備計画は、農振法2条が定める目的を達成するための施策を定めた総合的基本計画であって、それ自体としては、国民の権利義務に対して直接影響を与えるものではなく、その中の農用地利用計画も、農用地区域及びその区域内にある土地の用途区分に係るもので、同様に、それ自体として、国民の権利義務に対して直接影響を与えるものではないと言わざるを得ない。」と判示し、農用地区域からの除外行為について、抗告訴訟の対象となる処分性を有しないと判断し、原告の訴えを却下したものがある（名古屋地判平15・2・28（平14（行ウ）61））。

一般論として考えた場合、確かに、農業振興地域整備計画が変更された場合、地域に居住する農地所有者に対し、何らかの影響が及ぶことは否定できない。しかし、最高裁は、処分の取消訴訟の対象となる行為を行政処分に限定している［⇒123ア参照］。農業振興地域整備計画の変更は、行政処分に該当せず、訴えが却下されたものである。（注）

　　（注）　名古屋高裁判決
　　　名古屋高裁は、控訴人Xが、三重県の被控訴人菰野町に対し、農振法8条の定める農業振興地域整備計画の農用地区域内に同人が所有する土地に関し、「農用地区域除外の要望書」を提出したところ、菰野町が拒否回答を出したため、控訴人がその取消しを求めた事件について、控訴人の請求を棄却した（名古屋高判平29・8・9判タ1446・70）。同判決は、最初に、抗告訴訟の対象となる行政処分の定義に関する最高裁判決の要旨（最判昭39・10・29民集18・8・1809）を示した上、「農業振興地域整備計画が策定されることにより開発行為や農地転用許可を受けるにつき一定の制約を受けるが、国民の権利義務に直接影響を与えるものではないから（・・・）、農業振興地域整備計画の策定は、行政処分に該当しないというべきである。本件要望に対する本件回答は、農用地区域内に所有地（本件土地）を有する控訴人が、被控訴人に対して、（・・・）農振除外することを求めた（本件要望）のに対して、

このような計画変更をしない旨の回答であるところ（・・・）、適法に策定された農業振興地域整備計画が変更されないとしても、これにより新たな法律関係が生じるものではなく、従前の法律関係が継続するにとどまる（・・・）。したがって、本件回答により、控訴人が本件土地に関して有する権利義務あるいは法的地位について直接の影響を受けるとは認められないから、本件回答は、行政処分に当たるとはいえない（・・・）。本件要望のような農振除外の申請は、市町村長に対して職権発動を促すものにすぎないというべきである。」と判示した。

なお、控訴人は、被控訴人菰野町に対し、国家賠償法1条に基づく損害賠償金の支払いも求めたが、同じく棄却された［⇒651参照］。

(2)　第1種農地　　　　　　　　　　　　　　　　　　　　　［532］

ア　要　件　　第1種農地とは、集団的に存在する農地その他の良好な営農条件を備えている農地であって、政令で定める要件を満たした農地をいう（法4条6項1号ロ、令5条）。具体的には、次のものをいう。

① 　おおむね10ヘクタール以上の規模の一団の農地の区域内にある農地（令5条1号）（注）

② 　特定土地改良事業等の施行にかかる区域内にある農地（同2号）

③ 　傾斜、土性その他の自然的条件からみてその近傍の標準的な農地を超える生産をあげることができると認められる農地（同3号）

イ　転用の可否　　第1種農地を転用することは、原則として、認められない。ただし、例外がある。

　　（注）　一団の農地

　　　一団の農地の意味について、運用通知は、「山林、宅地、河川、高速自動車道等農業機械が横断することができない土地により囲まれた集団的に存在する農地をいう。」と解釈する。この解釈が正しいといえるものか否かは別として、農地転用許可権限を持つ地方自治体は、この解釈に法的に拘束されない［⇒321参照］。個別の法律によって行政

処分を行う権限を与えられた行政庁（許可権者）は、許可権者という立場において独自に当該法律を解釈することができる。農地法についても、仮により適切な解釈があるのであれば、農地法、農地法施行令および農地法施行規則の定める範囲内で、それに沿った内容を作成することは適法である。そして、当該処分を受けた者において何か疑義を感じたとき、同人としては所定の手続に従って裁判所に対し、処分の違法性の有無についてその判断を求めることが可能となる［⇒641参照］。

(3) 甲種農地 [533]

ア 要 件 **甲種農地**とは、第1種農地の要件に該当する農地のうち、市街化調整区域内にある特に良好な営農条件を備えている農地であって、政令で定める要件を満たした農地をいう（法4条6項1号ロ、令6条）。具体的には、次のものをいう。

① 農地法施行令5条1号に掲げる農地のうち、その面積、形状その他の条件が農作業を効率的に行うのに必要なものとして農林水産省令で定める基準に適合するもの（令6条1号）。

② 農地法施行令5条2号に掲げる農地のうち、特定土地改良事業等の工事が完了した年度の翌年度の初日から起算して8年を経過したもの以外のもの。ただし、農地を開発し、または農地の形質に変更を加えることによって、当該農地を改良・保全することを目的とする事業であって農林水産省令で定める基準に適合するものの施工にかかる区域内にあるものに限る（同2号）。

イ 転用の可否 甲種農地を転用することは、原則として、認められない。ただし、例外がある。

(4) 第2種農地 [534]

ア 要 件 **第2種農地**とは、第3種農地の区域に近接する区域その

他市街地化が見込まれる区域内にある農地であって、政令で定める要件を満たしたものをいう（法4条6項1号ロ(2)、令8条）。どのような区域内にある農地がそれに当たるかについては、政令が定める。具体的には、次のものをいう。

①　道路、下水道その他の公共施設または鉄道の駅その他の公益的施設の整備の状況からみて農地法施行令7条1号に掲げる区域に該当するものとなることが見込まれる区域として農林水産省令で定めるもの（令8条1号）。

②　宅地化の状況からみて農地法施行令7条2号に掲げる区域に該当するものとなることが見込まれる区域として農林水産省令で定めるもの（令8条2号）。

イ　転用の可否　　第2種農地の転用については、申請にかかる農地に代えて周辺の他の土地を供することにより当該申請にかかる事業の目的を達成することができると認められるときは、許可をすることができない（法4条6項2号）。

　その反対解釈として、申請地以外の周辺の土地を提供することによって申請目的を達成することができないときは、許可することができる、ということになる。

　なお、農地法4条6項ただし書は、同項1号または2号に掲げる場合において同ただし書に明記されている場合および「その他政令で定める相当の事由があるときは、この限りでない。」と定めている。このことから、政令で定める相当の事由があるときは、許可をすることが可能となる（令4条）。

(5)　第3種農地　　　　　　　　　　　　　　　　　　　　［535］

ア　要　件　　第3種農地とは、市街地の区域内または市街化の傾向

が著しい区域内にある農地であって、政令で定める要件を満たしたものをいう（法4条6項1号ロ(1)、令7条）。どのような区域内にある農地がそれに当たるかについては、政令が定める。具体的には、次のものをいう。

①　道路、下水道その他の公共施設または鉄道の駅その他の公益的施設の整備の状況が農林水産省令で定める程度に達している区域（令7条1号）。

②　宅地化の状況が農林水産省令で定める程度に達している区域（同2号）。

③　土地区画整理法2条1項に規定する土地区画整理事業またはこれに準ずる事業として農林水産省令で定めるものの施行にかかる区域（同3号）。

イ　転用の可否　　第3種農地については、前記のとおり、農業上の利用の確保の必要性が低いことから、原則として、転用許可をすることができる。条文解釈の見地からみても、第3種農地は、「許可をすることができない」と結論付けることは難しい。

4　一般基準

(1)　一般基準の概要　　　　　　　　　　　　　　　　［541］

ア　**一般基準**　　農地法4条は、6項3号から6号までにおいて一般基準を示している。**一般基準**とは、転用事業の確実性および周辺農地に対する影響等を考慮して許否を決定する基準である。

　転用事業計画にかかる農地が、仮に立地基準に適合している場合であっても、一般基準のいずれかに該当するときは、許可をすることができない（運用通知第2・1(2)）。

　このように、農地法の明文によって定められた一般基準の内容は、もちろん法的拘束力があり、何人もこれに反することはできない。ただし、法律に書かれた文言の内容をどのように解釈するかという点については、人によって多少の違いが生じるであろう。

　しかし、それでは農地法を根拠とした許可事務の統一的・安定的処理が困難になると考えられるため、農林水産省として、法の解釈基準または裁量基準を示したものが、以前にも言及した運用通知ということになる［⇒321参照］。

イ　**一般基準の内容**　　一般基準の内容としては、次のものが掲げられている（法4条6項3号〜6号）。

①　転用目的実現の確実性（6項3号）

②　被害防除（同4号）

③　周辺農業の効率的・総合的な利用の確保（同5号）

④　一時転用後の農地への復元の確実性（同6号）

(2)　転用目的実現の確実性　　　　　　　　　　　　　[542]

ア　3号の内容　　法4条6項3号は、「申請者に申請に係る農地を農地以外のものにする行為を行うために必要な資力及び信用があると認められないこと、申請に係る農地を農地以外のものにする行為の妨げとなる権利を有する者の同意を得ていないことその他農林水産省令で定める事由により、申請に係る農地の全てを住宅の用、事業の用に供する施設の用その他の当該申請に係る用途に供することが確実と認められない場合」について定める。

イ　必要な資力　　転用許可申請書には、転用事業の**資金計画**を記載するものとされている（規31条5号）。その資金計画については、事業を実現するために必要な資力および信用を証明するための書面を添付するものとされている（規30条4号）。

　資力を証明する書面が具体的に何を指すかについては、許可権者によって多少の解釈の違いがあると思われる。例えば、金融機関が発行した残高証明書、預金通帳の写し、融資予定証明書などが考えられる。

ウ　必要な信用　　また、ここでいう**信用**については、原則として、人物評価ないし社会的評判ではなく、個人の財産状況または法人の財務状況を指すものと考えられる。信用があることを裏付ける書面として、具体的には、個人の青色申告書の写し、法人の貸借対照表および損益計算書などが考えられる。

　ただし、例えば、過去に農地転用許可を受けたことがあるが、相当の理由もなく申請書に記載された転用事業を行うことを怠り、多数回にわたって許可権者から行政指導を受けた経歴があるような人物（法人）については、信用を欠くという判断（不許可処分）も可能と考える。

エ　転用行為の妨げとなる権利者の同意　　ここでいう「妨げとなる権利者」とは、一般的に、法3条1項本文に掲げる権利を有する者をいう

とされている（運用通知第2・1(2)ア(イ)）。例えば、農地の賃借人がこれに当たる。現に賃借人が耕作中の農地について、同人の反対を押し切って転用許可を出すというようなことは認められない。

　しかし、上記運用通知の解釈では、必ずしも十分とはいえない。法4条6項3号にいう「転用行為の妨げとなる権利を有する者」とは、転用予定農地について何らかの法的権利を有し、その者の意思によって円滑な転用事業の遂行を妨害することが可能な者を指すと解される。よって、本書は、**留置権者**と**地役権者**をここに加える必要があると考える。**(注1)**（注2)

オ　その他農林水産省令で定める場合　　上記のほか、農林水産省令で定める場合に該当した場合も転用事業の確実性が認められなくなる（規47条）。例えば、申請にかかる事業の施工に関し、行政庁の免許、許可、認可等の処分が必要とされるところ、当該処分がされなかったこと、またはされる見込みがない場合がこれに当たる（規47条1号）。

　（注1）　留置権者
　　　留置権は、**担保物権**の一種であり（民295条1項）、物に関して生じた債権がある場合に、その債権が弁済されるまで債権者がその物の返還を拒むことができる権利をいう。留置権は、法定担保物権の一種であり、法律上の要件が具備されれば当然に発生する。また、留置権は**物権**であるから、第三者に対し主張することができる。留置権が成立するためには、債権者が、他人の物（動産、不動産を問わない。）を占有する必要がある。例えば、農地の所有者Aが、他人Bに依頼して当該農地を有償で耕作してもらったところ（請負耕作）、AがBに対して支払うべき耕作料を支払おうとしない場合、請負人Bは、耕作料の支払いがあるまで当該農地を留置する（占有）することができると解される。仮に第三者Cが、転用事業を開始する目的で当該農地に立ち入ろうとした場合、Bは、妨害排除請求権に基づいてCの立入りを禁止するよう裁判所に請求することも可能である（山野目物権342頁）。そのよ

うに考えると、留置権者もまた、「妨げとなる権利を有する者」に当た
ると解釈せざるを得ない。

（注2）　地役権者

　地役権は、他人の土地を自己の土地の便益に供する権利をいう（民
280条）。他人の土地から便益を受ける土地を**要役地**といい、反対に、
便益に供される土地を**承役地**という。地役権の便益の主要な態様とし
て、有力説によれば、①地役権者の作為により便益が具体化し、承役
地所有者がその作為を認容する義務を負うもの、②地役権者の特段の
作為を予定せず、承役地所有者の不作為を義務付けることにより便益
が具体化するもの、③承役地所有者の作為を義務付けることにより便
益が具体化するもの、の3つに分類される（山野目物権289頁）。地役権
の典型例である**通行地役権**は、上記の①の分類に該当する。例えば、
農地甲を所有するAと、農地乙を所有するBとの間で、農地甲の耕作
上の便宜を図るため、Aが農地乙の一部を通行することができる旨の
地役権が設定された場合、Aは、Bが所有する農地乙の一部を通行す
ることができる。ここで、Bが農地乙を転用し、日頃Aが通行してい
る通路（農地）上に農業用倉庫を建てようとした場合、Aは、Bに対し
通行妨害を生じさせないよう請求することができる。つまり、Bの農
地転用事業を妨げることができる。したがって、地役権者も、地役権
の内容次第によっては、「妨げとなる権利を有する者」に当たることが
ある。

(3)　被害防除　　　　　　　　　　　　　　　　　　　　　　[543]

ア　**4号の内容**　　法4条6項4号は、転用により「土砂の流出又は崩壊
その他の災害を発生させるおそれがあると認められる場合、農業用用
排水施設の有する機能に支障を及ぼすおそれがあると認められる場合
その他の周辺の農地に係る営農条件に支障を生ずるおそれがあると認
められる場合」について定める。

イ　**災害を発生させるおそれ**　　運用通知は、「災害を発生させるおそ

れがある」という文言について、土砂の流出または崩落のおそれがあると認められる場合のほか、ガス、粉じんまたは鉱煙の発生、湧水、捨石等により周辺の農地の営農条件への支障がある場合をいうとしている（第2・1(2)イ）。

　なお、この点について、「埋立に供される土砂に有害物質が含まれることにより生じる不利益から周辺農地を保護する趣旨まで含むと解することはできない。」とした下級審判決がある（水戸地判平24・1・13判自369・112）。**(注)**

（注）　広島高裁岡山支部判決

　広島高裁岡山支部は、控訴人Xが、岡山県総社市農業委員会の行った法5条1項許可処分（農地転用許可処分）によって農業上の被害を受けたと主張し、被控訴人総社市に対し、国家賠償法1条に基づく損害賠償金の支払いを求めた事件について、被控訴人総社市の責任を認めた（広島高岡山支判平28・6・30判時2319・40）。同判決は、控訴人所有農地と、転用許可対象とされた農地が隣接している状況の下、「本件各農地を農地以外のものにすることにより、隣接する控訴人所有農地（畑部分）の排水等の営農条件に直接支障を及ぼすことが想定される場合にあっては、控訴人所有農地を所有する控訴人に対し、隣地である本件各農地が転用されることによって良好な排水等の営農条件に支障を受けないとする法的利益を個別的に保障する趣旨を含むと解される。」と判示した。やや分かりにくい判決であるが、ある農地に隣接する農地が転用される場合、ある農地の所有者（農業者）としては、当該農地が現に有する良好な排水等の現状について侵害ないし被害を受けない法的利益を有するという趣旨であろうと思われる。なお、同判決は、総社市農業委員会が把握していた事実関係からすれば、「本件申請に関わる本件造成工事が、周囲の農地の営農条件に影響を及ぼし得るものであることは、事前に十分に認識することができた。（・・・）排水に支障を生じているか否か、（・・・）その原因を適切に調査すべきであり、この調査を踏まえた上で本件処分をすべき職務上の注意義務を負っていたというべきである。（・・・）以上を総合すると、総社市農

業委員会は、職務上尽くすべき注意義務を尽くすことなく漫然と本件処分をしたというほかないから、過失があったというべきである。」と判示し、地下水位を下げる工事費用として120万円余りの損害賠償金を控訴人に支払うよう総社市に命じた［⇒652参照］。

(4)　周辺農業の効率的・総合的な利用の確保　　　　　［544］

5号の内容　法4条6項5号は、転用により「地域における効率的かつ安定的な農業経営を営む者に対する農地の利用の集積に支障を及ぼすおそれがあると認められる場合その他の地域における農地の農業上の効率的かつ総合的な利用の確保に支障を生ずるおそれがあると認められる場合として政令で定める場合」について定める（令8条の2、規47条の2・47条の3）。

(5)　一時転用後の農地への復元の確実性　　　　　［545］

ア　**6号の内容**　法4条6項6号は、仮設工作物の設置その他の一時的な利用に供するために農地転用を行う場合、「その利用に供された後にその土地が耕作の目的に供されることが確実と認められないとき。」について定める。

　これは**一時転用**について定めたものである。一時転用の場合、一時的な利用に供された後、速やかに農地として利用することが可能な状態に回復される必要がある（運用通知第2・1(2)エ）。

イ　**具体例**　一時転用とは、農地の転用が一時的なものであることを意味する。「一時的な利用」に当たるか否かの判断基準については、農地転用後の当該土地の利用目的から判断するという考え方がある（解説155頁）。一時的な利用に該当する例として、建築工事を行うに当たり工事現場の周辺に資材置場を設置する場合、大規模イベントが

開催される場合にイベント会場の付近に駐車場を設置する場合、砂利採取を行う場合などの場合があげられている（同頁）。

(6)　法5条転用の場合の留意点　　　　　　　　　　　　　　　　[546]

ア　許可の規制を受ける土地の違い　　法4条の場合、転用許可の規制を受けるのは農地に限定されている。他方、法5条の場合は、農地と並んで採草放牧地を採草放牧地以外のもの（農地を除く。）にする行為も許可の対象とされる（法5条1項本文）。

イ　一時転用の場合　　法5条許可の場合、仮設工作物の設置その他の一時的な利用に供するため所有権を取得することは、不許可事由とされている（法5条2項6号）。一時的な農地の転用であれば、何も所有権まで取得する必要性はないという理由があげられている（解説191頁）。

ウ　法5条の構造　　法5条の構造は、基本的に法3条と法4条を組み合わせたものとなっている。すなわち、申請者は、法3条1項本文に掲げる権利を設定し、または移転する当事者であり、権利の設定者（または譲渡人）と権利の設定を受ける者（または譲受人）が、申請書に連署して法5条の許可を受ける必要がある［⇒241参照］。

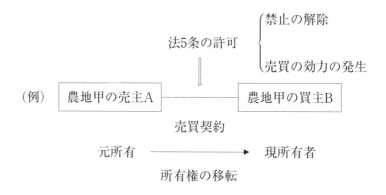

　したがって、法5条に関する法的な問題については、法3条および法4条の箇所で論じた解釈論をそのまま援用して考えれば足りる。

　また、法5条の許可処分の効力としては、禁止の解除（講学上の許可。転用行為の適法化）および私法上の効力の発生（講学上の認可。補充行為）をあげることができる［⇒215・432参照］。

第 6 章

その他の処分・行政争訟

6

6

1　18条の処分

(1)　法18条1項　　　　　　　　　　　　　　　　　　　　　[611]

ア　**農地賃貸借の解除等の制限**　　法18条1項本文は、農地の賃貸借の当事者は、都道府県知事の許可を受けない限り、①解除［⇒229ア参照］、②解約申入れ［⇒229ウ参照］、③合意解約［⇒232ウ参照］、④更新拒絶の通知［⇒229ウ参照］をしてはならないと定める。

　条文上、「してはならない」と定めているのであるから、国民に対し、農地法による一般的禁止を課した状態が存在するといい得る（ただし、ここでいう禁止は、特定人を名宛人とするものではないから、もちろん行政処分ではない。）。

　法18条1項による禁止を実効性のあるものとするため、法64条1号によって、違反者には刑罰（3年以下の拘禁刑または300万円以下の罰金）が科される。また、同様の効果を期待して、法18条5項は、「第1項の許可を受けないでした行為は、その効力を生じない。」と定める。つまり、仮に都道府県知事の許可を受けることなく賃貸借の解除等をしても、法的な効力はないとされている（無効となる。）。

イ　**許可権者**　　法18条1項の許可権者は、**都道府県知事**である。なお、指定都市（自治252条の19）の区域内にある農地等については、指定都市が処理する（法59条の2）。要するに、**指定都市の長**が許可権者となる。

ウ　**法18条1項ただし書**　　法18条1項の原則は上記のとおりであるが、例外があって、同項ただし書で、都道府県知事の許可を受けることなく農地の賃貸借の解除等を行うことができる場合が列挙されている。

　その場合、農地等の賃貸借について、解約申入れ、合意解約または

更新拒絶の通知が、上記のただし書の適用を受けて行われた場合は、これらの行為をした者は、農業委員会にその旨を通知しなければならない（法18条6項）。なお、合意解約の場合、通知書に当事者が連署して行う必要がある（規68条2項）。

許可を要しない場合（法18条1項ただし書）

号	事　　　由
1	解約申入れ、合意解約および更新拒絶の通知が、信託事業にかかる信託財産について行われる場合（例外あり）
2	農地引渡し期限6か月以内に成立した文書による合意解約または民事調停に基づく場合［⇒215イ参照］
3	更新拒絶の通知が、賃貸借期間10年以上の定めがある賃貸借（一部に例外あり）または水田裏作を目的としたものについて行われる場合
4	法3条3項の適用を受けて同条1項許可を受けた賃貸借（解除特約付き賃貸借）について、賃借人が農地を適正に利用していないと認められる場合、賃貸人が農業委員会に届け出た上で解除する場合［⇒229イ参照］
5	農地中間管理機構が、中間管理法2条3項1号に掲げる業務の実施により借り受け、または同項2号に掲げる業務もしくは基盤強化法7条1号に掲げる事業の実施により貸し付けた農地等にかかる賃貸借の解除が、中間管理法20条または21条2項の規定により、都道府県知事の承認を受けて行われる場合

(2)　法18条7項・8項　　　　　　　　　　　　　　　　　　　　　［612］

ア　賃借人にとって不利な特約は無効　　法18条7項は、法17条（法定更新［⇒229ウ参照］）または民法617条（解約申入れ［⇒229ウ参照］）もしく

は同618条（期間の定めのある賃貸借の解約権［⇒229オ参照］）の規定と異なる賃貸借の条件（特約）で、これらの規定による場合と比べ、賃借人にとって不利なものは定めないものとみなす、と定める。

　例えば、当事者間の合意によって、双方の農地賃貸借については法17条の法定更新の規定の適用を排除するという文言を定めたとしても、当該文言は無効となる。ただし、賃借人にとって有利なものは有効と考えられる。

イ　解除条件・不確定期限の排除　　法18条8項は、農地等の賃貸借に付けた解除条件（［⇒422イ参照］）または不確定期限（［⇒422ウ参照］）は、付けないものとみなすと定める。

　民法上の解除条件は、以前にも指摘したとおり、ある事実の到来によって法律行為の効力が当然に消滅する効果を持つ。また、同じく民法上の不確定期限は、到来することが不確実であるものを指すが、期限が仮に終期を意味するときは、期限（終期）が到来することによって法律行為の効力が消滅する。

　これらの特約が仮に無条件で有効なものとされれば、特約の内容次第では、賃貸借契約が突然終了するような事態も想定され、賃借人の利益が不当に侵害される危険がある。したがって、仮にこのような特約を付けたとしても無効としたものである。（注）

　　（注）　合理的説明ができない条文
　　　法18条8項には、合理的説明が困難な条文が置いてある。すなわち、かっこ書で、「第3条第3項第1号及び農地中間管理事業の推進に関する法律第18条第2項第2号へに規定する条件を除く。」と書かれている箇所である。ここでいう3条3項1号とは、これまでも述べたとおり、民法上の解除条件ではない［⇒422オ参照］。そもそも解除条件ではないのであるから、かっこ書の中でわざわざ「除く」と定める必要は全くない。法令用語の一般的理解によれば、「除く」という用語は、通常、同類と捉えられるものから、特定のものを除外するという意味で使用さ

れている。例えば、法4条8項には、「国又は都道府県等が、農地を農地
以外のものにしようとする場合（第1項各号のいずれかに該当する場
合を除く。）」とある。第1項各号に定めるものは全て転用行為に関係
する。ここでは、転用行為という同じ部類に属するものから、上記の
一部のものを除外するわけである。法3条3項1号（および上記中間管
理法18条「第2項第2号へ」）の条件は、民法上の解除条件ではないので
あるから、法18条8項かっこ書で「除く」と定める理由が見当たらない。
これもまた立法上の過誤と考えるほかない。

(3)　法18条2項 [613]

ア　**許可要件の定め**　　法18条2項は、「前項の許可は、次に掲げる場合
でなければ、してはならない。」と定める。つまり、2項各号のいずれ
かに該当する場合に限って、都道府県知事は許可をすることができる。
　この許可要件を、**許可基準**と呼ぶことができる。仮に許可の要件を
満たさないにもかかわらず許可処分が下された場合、当該処分は農地
法に違反した違法なものとなる。

イ　**許可基準**　　法18条2項各号は、以下のとおり、許可要件を明示す
る。なお、下記説明は、処理基準の定めを参考とする（処理基準第9・
2）。

許可基準

号	許可基準	説　　明
1	賃借人の信義に反した行為（**信義則違反**）	賃貸借関係は、当事者間の信頼関係を基にした継続的な関係である。その信頼を大きく損ねる行為がこれに当たる。（例）賃料の長期間の不払［⇒228ウ参照］、賃借権の無断譲渡［同］、用法遵守義務違反等［同］（**注1**）
2	農地転用を相当とする場合（**転用相当**）	具体的な転用計画があり、転用許可が見込まれ、かつ、賃借人の経営および生計状況、離

		作条件等からみて賃貸借を終了させることが相当と認められるか否か等の事情により判断する（処理基準第9・2(2)）。**(注2) (注3) (注4)**
3	賃貸人が農地等を耕作等の事業に供することを相当とする場合	賃貸借の消滅によって賃借人の相当の生活の維持が困難となるおそれはないか、賃貸人が土地の生産力を十分に発揮させる経営を自ら行うことがその者の労働力、技術、施設等の点から確実と認められるか否か等の事情により判断する（同(3)）。
4	賃借人が法36条1項の勧告を受けた場合	農業委員会から、農地中間管理権の取得に関する協議に応じるよう勧告を受けた場合
5	賃借人である農地所有適格法人が農地適格法人でなくなった場合ほか	
6	その他正当の事由があると認められる場合（**正当事由**）	賃貸借を終了させることが適当であると客観的に認められる事情が存在する場合を指す。これらの判断に当たっては、個別具体的な事案ごとに様々な状況を勘案し、総合的に判断する必要があるが、法2条の2の責務規定が設けられていることを踏まえれば、賃借人が農地を適正かつ効率的に利用していない場合は、法18条2項1号に該当しない場合であっても、同項6号に該当することがあり得る。このため、賃貸借の解約等を認めることが農地等の適正かつ効率的な利用につながると考えられる場合には積極的に許可を行うべきである（同(4)）。**(注5)**

ウ　許可後の法律関係　　賃貸人が、都道府県知事の許可を受けて賃貸借契約の解除等を行った場合、当事者双方に存在した賃貸借の関係は、民法の各条文の定める要件に従って解消することになる。

　その場合、仮に賃借人が解除等の効力を争って来た場合、賃貸人としては、訴訟上、都道府県知事の許可を受けたことおよび契約の解除等を行ったことを主張立証すれば足り、あらためて法18条2項所定の事由の存在を主張立証する必要はないと解されている（最判昭48・5・25民集27・5・667）。**(注6)**

（注1）　**法18条2項1号と信頼関係破壊理論の関係**

　同号は、信義則違反が認められた場合は許可をすることができると定める。信義則違反の評価根拠事実の有無の判断に当たっては、当然、信頼関係破壊理論も適用されると解される［⇒229イ参照］。

（注2）　**法18条2項2号に関する下級審判決の動向**

　同号の趣旨について、下級審判決の中には、「当該農地及びその周辺の客観的状況、賃貸人の当該農地を使用する必要性、転用後の使用計画の具体性及び確実性並びに賃借人の当該農地を耕作する必要性及び農業経営の状況等の諸般の事情を総合して判断すべきである」としたもの（東京地判平元・12・22訟月36・6・1123）、「対象となる農地について、転用許可が見込まれ、賃貸人に具体的な転用計画があり、かつ、賃借人の経営及び離作条件等からみて賃貸借を終了させることが相当と認められることが必要である」としたもの（京都地判平29・4・13判自436・86）、「その農地等に関し、具体的な転用計画があって、転用許可申請をすれば許可を受けられる十分な見込みがあり、かつ、賃借人の農業経営、生計状況、離作条件等からみて賃貸借契約を終了させることが相当と認められる場合をいう」としたもの（熊本地判令元・6・26判自462・87）などがある。どの判決もほぼ同じ内容の解釈を示している。

（注3）　**留意点**

　転用相当（2号）を理由に都道府県知事が許可処分をしようとする際、留意すべき点が1つある。それは、法18条1項許可によって耕作権（賃

借権）を失う立場にある賃借人が、平均的な農業収入を得ると認められる農業経営を日々行っており、また、そのような農業経営を持続するための基盤（意欲、施設、技術、労働力等）が備わっている限り、許可権者は、許可をするべきではないという点である。農地法は、あくまで耕作者の正当な権利利益を擁護する考え方に立脚した法律であることから、上記のような農業生産力のある賃借人が賃貸借契約の解消を拒む態度を示している場合、仮に賃貸人の側から相当性を超える十分な離作料（又は代替地提供）の提示があったとしても、許可をすることはできないと解する。また上記の場合、賃貸人が詳細な転用計画を立てていたとしても、賃借人が賃借農地の明渡しに反対している以上、転用目的実現の可能性が欠けることになる［⇒542エ参照］。つまり、転用許可処分を行うために必要となる一般基準を満たすことができないということである。仮に転用許可の申請をしても許可を受けられる見込みがないことになるため、法18条の許可申請についても不許可とするほかない。転用を計画する者による「地上げ」を容認するような行政判断はあってはならない。

(注4)　対象農地が市街化区域内に存在する場合

　現に耕作者が、賃貸借契約に基づいて耕作中の農地が市街化区域内に存在する場合、賃貸人が当該農地を転用するに当たって転用許可処分を得ることは不要とされている［⇒513イ参照］。その代わり農業委員会に対する転用届出が必要となる。その場合、適法な届出と認められるためには、「その賃貸借につき法第18条第1項の規定による解約等の許可があったことを証する書面」の提出が義務付けられている（令3条1項、規26条2項）。したがって、賃借人が任意に賃貸借契約の解約等に応じない場合、賃貸人としては適法に転用届出をすることができず、転用事業を実現することは不可能となる。これは、すなわち法18条2項2号の許可要件を満たさないことを意味する。

(注5)　法18条2項6号に関する下級審判決

　農地の賃貸人（原告）が、賃貸目的農地について、賃借人に対し契約の解除・解約申入れを行うため、京都市長に対し、法18条1項の許可申請をしたところ、同市長から不許可処分を受けたため、京都市（被告）に対し、不許可処分の取消し等を求めた抗告訴訟について、上記京都

地裁平成29年4月13日判決は、原告の主張を認め、賃貸借の解除等について先に京都市長が行った不許可処分を取り消し、さらに、原告が申請した法18条1項に基づく農地賃貸借の解除等の許可処分をするよう命じた。同判決は、法18条2項6号の該当性について、賃借人Eは、平成18年「以降本件土地において耕作していないこと、Eは現在、本件土地以外の土地によるものも含め、農業による収入はなく、年金で生活していること、今後本件土地で農業を継続する意思はないことが認められる。(・・・)このように、Eは、平成18年以降本件土地で耕作を全くしておらず、本件土地を本件土地賃貸借契約に基づく農地として利用していないし、本件農地の耕作によって生計を立てていることも認められない。(・・・)そして、Eは現在、本件土地において農業を継続する意思を持っていない。(・・・)以上によれば、本件申請は法18条2項6号の許可事由があり、これを不許可とした本件処分は違法であり、取り消されるべきである。(・・・)本件申請は法18条2項6号の許可事由に該当し、同条1項の許可をすべきことは法の規定から明らかと認められるから、処分行政庁は本件申請に対し許可処分をすべきである。」と判示した〔⇒645参照〕。この判決は、賃借人が、①賃借農地を現に耕作しているか否か、②農業で生計を立てているか否か、③今後、農業を行う意思があるか否かの3点を重視していると解される。賃借人不明の耕作放棄地が今後増加すると見込まれる今日、現に耕作されていない農地については、法18条1項の許可処分を積極的に行うべきである。

(注6)　**法18条1項4号についての疑問**

　解除特約付きの賃貸借を解除しようとする場合、法18条1項の許可を受ける必要がない〔⇒611ウ参照〕。この場合、解除をした賃貸人は、訴訟上、農業委員会による届出の受理を受けたことおよび契約の解除を行ったことのみを主張立証すれば足りることになるのか疑問がある。なぜなら、農業委員会における受理のための要件が法令で定められていないからである。この点については、今後裁判所による司法判断が待たれる。

2　51条の処分

(1)　法51条1項　　　　　　　　　　　　　　　　　　　［621］

ア　**違反転用に対する処分**　　法51条1項柱書は、都道府県知事等は、政令で定めるところにより、1項各号のいずれかに該当する者に対し、土地の農業上の利用の確保および他の公益ならびに関係人の利益を衡量して特に必要があると認めるときは、その必要の限度において、①4条または5条の許可を取り消し、もしくは②条件を付し、または③工事その他の行為の停止を命じ、もしくは④相当の期限を定めて原状回復その他違反を是正するため必要な措置（**原状回復等の措置**）を講ずべきことを命ずることができると定める。

イ　**命令の対象者**　　法51条1項各号で規定された者は、次のとおりである。

処分の相手方

号	処分の相手方
1	法4条1項・5条1項の規定に違反した者またはその一般承継人
2	法4条1項または5条1項の許可条件に違反している者
3	前2号に掲げる者から、当該違反にかかる土地について工事その他の行為を請け負った者またはその工事その他の行為の下請人
4	偽りその他不正の手段により、4条1項または5条1項の許可を受けた者

ウ　処分または命令を行う処分庁　　処分権者は、上記2号、3号および4号に該当する者については当初の許可を行った都道府県知事等であり、その他の者については都道府県知事等である（令34条）。命令に違反した者は、3年以下の拘禁刑または300万円以下の罰金刑に処せられる（法64条3号）。

(2)　問題点　　　　　　　　　　　　　　　　　　　　　　　［622］

ア　不作為義務の不履行　　都道府県知事等から、相手方に対し、工事その他の行為の停止命令が出された場合、相手方に対し不作為義務（禁止命令に従う義務）が課されることになる。仮に相手方がこの命令に従わなかったとしても、行政代執行を行うことができないことはもちろんのこと、民事訴訟を提起して民事判決によって工事の続行を止めることもできないと解される（最判平14・7・9民集56・6・1134）。**(注)**
イ　自力執行　　法51条3項は、同条1項に規定する場合において、同条3項各号のいずれかに該当すると認めるときは、自ら原状回復等の措置の全部または一部を講ずることができると定めている。ここでいう自力執行とは、**代執行**に相当する概念である。代執行が認められるのは、他人が代わってすることのできる**代替的作為義務**に限定される。例えば、県知事が、違反転用された農地を自ら原状回復する場合がこれに当たる。

　　（注）　**最高裁判決**
　　　兵庫県宝塚市長が、市の制定した条例に基づき、市内でパチンコ店を建築しようとした業者に対し建築工事の中止命令を発したが、業者がこれに従おうとしないため、建築工事の続行禁止を求める民事訴訟を提起した事件について、最高裁は、「国又は地方公共団体が専ら行政権の主体として国民に対して行政上の義務の履行を求める訴訟は、裁判所法3条にいう法律上の争訟には当たらず、これを認める特別の規定もないから、不適法というべきである。」と判示した。

3　行政不服申立て

（1）　行政争訟　　　　　　　　　　　　　　　　　　［631］

ア　行政争訟　　**行政争訟**とは、法令上の用語ではなく、学問上の概念ということができるが（塩野救済4頁）、これを、さらに行政訴訟と行政不服申立てに分ける考え方が一般的といえる（藤田総論373頁、大橋救済5頁）。

イ　行政訴訟と行政不服申立ての違い　　**行政訴訟**は違法な行政活動に対し、裁判手続によって国民を救済するというものである。他方、**行政不服申立て**は、違法または不当な行政活動に対し、行政機関内部の手続を通じ是正を図るというものである。

（2）　行政不服申立て　　　　　　　　　　　　　　　　［632］

ア　**審査請求**　　現行の行政不服審査法（以下「行審法」という。）は、平成26年に全面的に改正され、不服申立ての類型を、原則として、**審査請求**に一元化した（旧法では、異議申立てという不服申立ての類型も認められていた。）。（**注1**）

　この点に関し、行審法2条は、「行政庁の処分に不服がある者は、第4条及び第5条第2項の定めるところにより、審査請求をすることができる。」と定める。（**注2**）

　また、行審法3条は、「法令に基づき行政庁に対して処分についての申請をした者は、当該申請から相当の期間が経過したにもかかわらず、行政庁の不作為（法令に基づく申請に対して何らの処分もしないことをいう。以下同じ。）がある場合には、次条の定めるところにより、当該不

作為についての審査請求をすることができる。」と定める。

　これらの条文から、行政庁の**処分**または**不作為**に不服がある者は、審査請求をすることができる。なお、ここでいう「処分」には、人の収容や物の留置など公権力の行使に当たる行為が含まれる（行審1条2項）。

イ　**審査請求先に関する行審法の原則**　　審査請求をすべき行政庁は、**処分庁等**（処分庁または不作為庁）に上級行政庁がある場合は、最上級行政庁であり、これに対し審査請求をする（行審4条4号）。

　ここでいう**上級行政庁**とは、行政庁の上位にある行政庁であり、当該行政事務に関し、一般的・直接的に処分庁を指揮監督する権限を有し、処分庁が違法または不当な処分をしたときに、これを是正する職責を負うものをいうと解される（宇賀救済29頁）。したがって、都道府県知事や市町村長には、上級行政庁は存在しない。

　一方、処分庁等に上級行政庁がない場合は、当該処分庁等に対し、審査請求する（行審4条1号）。

審査請求

　　　┌　上級行政庁がある場合　　不服がある者　──▶　最上級行政庁
　　　│
　　　└　上級行政庁がない場合　　不服がある者　──▶　処分庁等

（注1）　**再調査の請求・再審査請求**

　　不服申立ての手段としては、審査請求が中心となるが、その他に**再調査の請求**（行審5条）および**再審査請求**（同6条）がある。前者は、法律に再調査の請求ができる旨の定めがある場合の特例である。後者は、法律に再審査請求をすることができる旨の定めがある場合の特例である。この場合、処分について行われた審査請求の裁決に不服がある者は、再審査請求をすることができる。

（注2）　不服申立適格

　審査請求を行うことができる資格を**不服申立適格**という。この点について、行審法2条は、「行政庁の処分に不服がある者」と定める。不服がある者には、処分を受けた当事者のほか第三者も含まれる（大橋救済368頁）。例えば、県知事Aが、Bによる農地転用許可申請（ただし、転用面積1ヘクタール）に対し、法4条許可処分を下したとする。この場合、当該許可にかかる転用事業によって農業上の被害を受けることになると懸念する隣人Cが存在する場合、Cもまた不服申立て（審査請求）を県知事Aに対して行うことが可能である。最高裁の判例（主婦連ジュース訴訟）は、不服申立適格について、行政訴訟における原告適格と同じであると解釈している（最判昭53・3・14民集32・2・211）。

(3)　審査請求先に関する重要な例外　　　　　　［633］

ア　**法律（条例）に例外規定がある場合**　　前記の原則に対し、農地法の許可事務等については重要な例外が認められている（行審4条柱書）。農地法に基づく許可処分は、**自治事務、第1号法定受託事務**または**第2号法定受託事務**のいずれか1つに該当する。（注）

　　自治事務　　　　　　（例）　4ha以下の農地転用許可事務
　　第1号法定受託事務　　（例）　4haを超える農地転用許可事務、
　　　　　　　　　　　　　　　　18条1項の農地賃貸借解除等の許可
　　　　　　　　　　　　　　　　事務、3条1項の農地権利移転等許可
　　　　　　　　　　　　　　　　事務
　　第2号法定受託事務　　（例）　市街化区域内の4ha以下の農地転
　　　　　　　　　　　　　　　　用届出受理事務

イ　**自治事務の場合**　　自治事務については、行審法の定める原則どおりで足りる。例えば、転用面積4ヘクタール以下の転用許可申請に

対し、都道府県知事が不許可処分を行った場合、同知事には上級行政庁が存在しないため、同処分を行った同知事に対して審査請求を行えばよい（行審4条1号）。

　仮に都道府県から転用許可権限の事務移譲を受けた市町村の長が、同じく転用面積4ヘクタール以下の転用許可申請に対し、不許可処分を行った場合、同市長には上級行政庁が存在しないため、同市長に対して審査請求を行うことになる（行審4条1号）。

ウ　法定受託事務の場合　　他方、法定受託事務については、地方自治法255条の2において特例が定められている。同条1項柱書は、「法定受託事務に係る次の各号に掲げる処分及びその不作為についての審査請求は、他の法律に特別の定めがある場合を除くほか、当該各号に定める者に対してするものとする。」と定める。

　　地方自治法255条の2第1項1号　　　　　審査請求
　　　　都道府県知事の処分━━➤不服がある者━━━➤農林水産大臣

　　地方自治法255条の2第1項2号　　　　　審査請求
　　　市町村長の処分━━━━➤不服がある者━━━➤都道府県知事
　　（農業委員会の処分）

　上記によれば、都道府県知事その他の都道府県の執行機関の処分については、当該事務を規定する法律・政令を所管する大臣とされている（自治255条1項1号）。したがって、例えば、申請者Aが、転用面積4ヘクタールを超える転用許可申請をB県知事に対して行ったが、同知事が不許可処分を行った場合、当該処分は、第1号法定受託事務に当たるので、Aは、農林水産大臣に対し審査請求を行う。

　一方、市町村長その他の執行機関の処分については、審査請求先は、

都道府県知事とされている（同項2号）。したがって、例えば、B県知事
から転用許可権限の事務移譲を受けたC市長が、4ヘクタールを超え
る転用許可申請に対して不許可処分を行った場合、Aは、C市長では
なく、B県知事に対して審査請求を行うことになる。

　ただし、行審法21条1項は、審査請求をすべき行政庁が処分庁と異な
る場合に、処分庁を経由して審査請求をすることができると定めてい
る。ただし、この場合は、審査請求を行うべき行政庁を宛先とする審
査請求書を、事実上の行為として、処分庁に提出するという意味であ
ると解される（逐条行審130頁）。

　なお、現実的には、審査請求をしようとする場合、処分庁は、処分
対象者に対して審査請求先を教示しているはずであるから、それによ
って確認すれば足りる。

エ　不服申立ができる期間　　処分についての審査請求は、処分があっ
たことを知った日の翌日から起算して3か月以内にしなければならな
い（行審18条1項）。また、処分があった日の翌日から起算して1年以内
にしなければならない（同条2項）。ただし、これらの期間を経過した
場合であっても、正当な理由がある場合は、この限りでない（同条1項
ただし書・2項ただし書）。

　（注）　事務の区分

　　自治事務、第1号法定受託事務および第2号法定受託事務の3つの事
　務については法63条に定められている。ところが、この条文には、例
　によって、かっこ書で、「除く」、「○○事務に限る」、「（○○を除く。）
　に限る」、「○○する場合を含む」などの文句が無数に付いている。そ
　のため、一般国民はもちろんのこと、地方公共団体において農地法の
　許可事務を担当する者にとっても条文の意味を迅速かつ正確に理解す
　ることが困難となっている。一例として、法63条2項2号は、「第4条第3
　項の規定により市町村（指定町村を除く。）が処理することとされてい
　る事務（申請書を送付する事務（同一の事業目的に供するため4ヘクタ

ールを超える農地を農地以外のものにする行為に係るものを除く。）
に限る。）」とある。推測するに、農林水産省の担当者は、一般国民が
農地法を読んで容易に理解できるようなスタイルの条文を作ることに
は余り関心がないようである。甚だ遺憾と言うほかない。本書の理解
によれば、法63条1項各号の事務が自治事務、法63条1項柱書の事務が
第1号法定受託事務、法63条2項各号の事務が第2号法定受託事務とい
うことになる。

（4）　審査請求の事務手続　　　　　　　　　　　　　　　［634］

ア　**審査請求の開始**　　審査請求は、原則として、審査請求書という書
面を審査庁に提出することから始まる（行審19条1項）。処分について
の審査請求書に記載すべき事項は、次のとおりである（同条2項）。

①　審査請求人の氏名または名称および住所または居所（同項1号）

②　審査請求にかかる処分の内容（同項2号）

③　審査請求にかかる処分があったことを知った日（同項3号）

④　審査請求の趣旨および理由（同項4号）

⑤　処分庁の教示の有無およびその内容（同項5号）

⑥　審査請求の年月日（同項6号）

イ　**補　正**　　審査請求書の記載事項が、行審法19条の規定に違反す
る場合には、審査庁は、相当の期間を定め、その期間内に不備を補正
すべきことを命じなければならない（行審23条）。

　補正の対象は、審査請求書の必要的記載事項が欠けている場合、必
要な添付書類が添付されていない場合等を指す。本来、審査請求の形
式面に不備がある場合は、当該審査請求は不適法なものとなるが、記
載事項を追加、訂正するなどして補正できるものは、補正の対象とな
る（逐条行審143頁）。

(5)　審理員による審理手続　　　　　　　　　　　　［635］

ア　**審理員**　　審査庁は、原則として、所属する職員の中から適任者
を指名して審理手続を行わせる（行審9条1項）。その職員を**審理員**と呼
ぶ。審理員には一定の除斥事由があり（同条2項）、指名するには、除斥
事由に該当する者以外の者でなければならない。

　ただし、審査庁が合議制の**委員会**である場合は、審理員を指名する
必要がない（行審9条1項ただし書）。その中には、地方自治法138条の4
第1項に規定する委員会が含まれている（行審9条1項3号）。これには**農
業委員会**も該当する。この場合、審理手続を行うのは審理員ではなく、
審査庁自身である（この場合については、後記する審理員意見書の作成・
提出の規定も適用されない。）。

イ　**審理手続**　　審理員は、審査請求人から提出された審査請求書の
写しを処分庁等に送付する。ただし、処分庁等が審査庁の場合を除く
（行審29条1項）。

　そして、審理員は、相当の期間を定めて処分庁等に対し、**弁明書**の
提出を求める（同条2項）。これに対し、審査請求人は、提出された弁明
書に対し**反論書**を提出することができる（行審30条1項）。

　審理員は、必要な審理を終えたと認めるときは、審理手続を終結す
る（行審41条）。その後、遅滞なく**審理員意見書**を作成する（行審42条1
項）。そして、これを事件記録とともに審査庁に提出する（同条2項）。

(6)　行政不服審査会等への諮問　　　　　　　　　　［636］

ア　**行政不服審査会等への諮問**　　行審法43条1項は、審査庁が、国の
主任の大臣等の場合または地方公共団体の長である場合にあっては、
行政不服審査会等に対する諮問を義務付ける。

　まず、**行政不服審査会**は、国の行政機関である総務省に置かれる（行
審67条1項）。次に、地方公共団体については、「執行機関の附属機関と

して、この法律の規定によりその権限に属せられた事項を処理するための機関を置く」とされている（行審81条1項）。

　その趣旨は、審査庁が裁決をするに当たって、当該裁決の客観性・公正性を高めるため、第三者の立場から、審理員が行った審理手続の適正性、法令解釈の妥当性等を含めて審査するためであると解される（逐条行手363頁）。

イ　実　例　　例えば、自治事務に該当する転用面積4ヘクタール以下の法4条許可申請を行ったAに対し、許可権者であるB県知事が不許可処分を下したとする。Aが、これを不服として審査請求をする場合、審査庁は、B県知事となる。

　この場合、B県知事は、地方公共団体の長に当たるため、執行機関（都道府県知事）の附属機関として設置された行政不服審査会（ただし、具体的名称はこれとは限らない。）へ諮問をすることが義務付けられる（行審43条1項柱書・81条1項・2項）。

ウ　諮問を要しない場合　　ただし、行審法43条1項各号には、諮問を要しない場合が列挙されている。そのうち、同項1号は、処分をしようとするときに、行審法9条1項各号に掲げる機関の議を経るべき旨の定めがあり、かつ、議を経て処分がされたときは諮問を要しないと定める［⇒635ア参照］。

　例えば、農地転用処分については、法4条3項または同5条3項によって、許可権者が処分をする前に、農業委員会が申請書に意見を付して都道府県知事等に送付するとされている［⇒514ウ参照］。経由機関である農業委員会が「意見を付する」ことは、上記「議を経ている」に該当すると解されるため、諮問を要しない。

　なお、農業委員会が、法3条の許可申請者に対して処分を行い、処分を受けた者がこれを不服として都道府県知事に対し審査請求をする場合は上記の例外的な場合には当たらないと解される。審査庁である都道府県知事は、原則どおり諮問をする必要がある。

(7)　裁　決　　　　　　　　　　　　　　　　　　　　　［637］

　裁　決　　審査庁は、行政不服審査会等から諮問に対する答申を受けたときは、遅滞なく、**裁決**をしなければならない（行審44条）。なお、諮問を要しない場合は、原則として、審理員意見書が提出されたときに裁決をする（行審44条）。

　裁決の種類は3つある。却下、棄却および認容である（行審45条・46条）。

　　　　　　　　　┌却下
　　裁決　　　　　┤棄却
　　　　　　　　　└認容

　却下は、審査請求が不適法な場合をいう。**棄却**は、審査請求に理由がない場合をいう。また、**認容**は、審査請求に理由がある場合をいう。ここでいう理由があるとは、審査請求人が主張する個々の理由の当否に限定されず、広く当該処分が違法または不当であると審査庁が認める場合を指すと解される（逐条行手260頁）。

4　行政訴訟

(1)　行政事件訴訟 [641]

ア　行政事件訴訟の定義　　行政事件訴訟法（以下「行訴法」という。）
は、行政事件訴訟を4つの類型に区分する（行訴2条）。

$$
行政事件訴訟
\begin{cases}
抗告訴訟 \\
当事者訴訟 \\
民衆訴訟 \\
機関訴訟
\end{cases}
$$

　これらのうち、抗告訴訟と当事者訴訟は**主観訴訟**（国民の権利・利益
の保護を目的とする訴訟）と、また、民衆訴訟と機関訴訟は**客観訴訟**（客
観的な法秩序維持のための訴訟）と呼ばれる。

イ　農地法の処分に関係する訴訟類型　　本書は、あくまで農地法の許
可（または不許可）処分について必要と思われる範囲内で解説すること
を基本方針としている。行政事件訴訟の分野は、紛争を解決するため
の場所が必然的に地方裁判所となるため、弁護士資格を持つ者でない
と、紛争に対し適正に対処することが困難と考える。仮に訴訟事件に
発展する可能性がある紛争が生じた場合は、初期の時点から法律の専
門家（法曹）である弁護士に相談をするのが第1選択となる。

(2)　抗告訴訟 [642]

ア　抗告訴訟の定義　　**抗告訴訟**とは、行政庁の公権力の行使に関す

る不服の訴訟を指す（行訴3条1項）。原告となる者が、訴訟でその違法
性を攻撃する対象となるものが公権力の行使であれば、抗告訴訟とな
る（大橋救済18頁）。

イ　抗告訴訟の類型　　抗告訴訟には、取消訴訟、処分無効等確認訴訟、
不作為の違法確認訴訟、義務付け訴訟および差止訴訟の5つのものが
ある（行訴3条2項〜7項）。

抗告訴訟 {
　取消訴訟
　処分無効等確認訴訟
　不作為の違法確認訴訟
　義務付け訴訟
　差止訴訟
}

　ただし、現実問題としてみた場合、農地法に基づく処分を巡って争
われるのは、上記のうち、取消訴訟および義務付け訴訟の2つの類型に
絞られるといってよい。したがって、これら2つの訴訟類型について
基礎的な理解をしておけば、大半の場合は支障がないと考える。

(3)　取消訴訟　　　　　　　　　　　　　　　　　　　　　[643]

ア　取消訴訟の訴訟物　　取消訴訟において審判の対象となるものを
訴訟物と呼ぶが、これは行政処分の違法性一般であると解される（宇
賀救済129頁）。処分が、判決によって、「違法であるから取り消す」と
いう判断が下され、それが確定すると、当該処分は処分時に遡って効
力が失われる。また、当該処分の執行または続行も不可能となる。

イ　訴訟要件　　**訴訟要件**とは、文字通り、訴訟を利用するための要
件であり、訴訟要件を欠く訴訟は不適法なものとして却下される。訴

訟要件としては、以下のものがある（なお、裁決についても、原則として処分と同じ取扱いとなる。ここでは、基本原則のみ示す。）。

訴訟要件

項目	内　　容
管轄	管轄には2つのものがある。**事物管轄**と**土地管轄**である。前者については、訴訟を提起する先は地方裁判所である。後者については、被告（国または公共団体）の普通裁判籍の所在地を管轄する裁判所または処分庁の所在地を管轄する裁判所である（行訴12条1項）。（例）愛知県知事の行った処分の取消訴訟は、名古屋地方裁判所に提起する。
出訴期間	**出訴期間**とは、取消訴訟の提起が許される期間をいう。処分があったことを知った日から6か月を経過したときまたは処分の日から1年を経過したときは、提起することができない。ただし、正当な理由があるときは、この限りでない（行訴14条1項・2項）。
被告適格	処分を行った行政庁の所属する国または公共団体である（行訴11条1項）。**被告適格**については、**行政主体主義**がとられている。（例）A市農業委員会が行った処分の取消訴訟は、A市を被告として提訴する。
処分性	**処分性**とは、ある行政の行為が行訴法3条に定める「行政庁の処分その他公権力の行使」に当たることをいう。取消訴訟は、行政処分の法効果を消滅させるために作られた制度であるから、これに当たらない行為は、取消訴訟を利用することができない（塩野救済103頁）。最高裁判例は、行政処分の定義を示している［⇒123ア参照］。（例）法3条1項許可、法4条1項許可、法18条1項許可等に処分性が認められることはいうまでもない。一方、農業振興地域整備計画の変更に処分性は認められない［⇒531エ参照］。

原告適格	**原告適格**とは、処分の取消しを求めるについて法律上の利益を有することを指す（行訴9条1項）。法律上の利益があるか否かを判断するに当たっては、原告が侵害されたと主張する利益が、処分の根拠法規によって保護されていること（保護範囲要件）に加え、当該利益が私人の個別的利益としても保護されているという個別保護要件も充足する必要がある（宇賀救済188頁）。なお、処分の相手方以外の第三者についても、一定の要件を満たせば、原告適格が肯定される（行訴9条2項）。
訴えの利益	処分を現実に取り消してもらう必要性が消失した場合は、**訴えの利益**がなくなり、訴えは却下される。例えば、最高裁判例は、都市計画法29条の開発許可について、開発許可にかかる工事が完了すれば、許可取消訴訟の訴えの利益はないとしている（最判平5・9・10民集47・7・4955）。

(4)　取消判決の効力　　　　　　　　　　　　　　　　　[644]

ア　判決の内容　　原告が、自分に対して行われた処分について、違法であることを理由に、その取消訴訟を起こした場合、判決の内容としては3つのものがある。

第1に、**却下判決**である。却下判決とは、訴えが、訴訟要件を欠いている場合の判決であり、処分が違法か否かの判断には立ち入らない（いわゆる「門前払い」判決である。）。

第2に、**請求棄却判決**である。この場合は、処分が違法であったのかどうかの点について審理が行われる（本案審理）。その結果、処分は適法であったと判断された場合、請求は棄却される。

第3に、**請求認容判決**であり、取消判決ともいわれる。この場合は、処分が違法であったということになる。

イ　請求認容判決の効力　　請求認容判決が確定した場合、次のような効力が発生する。

① **形成力**、つまり、処分は最初からなかったことになる（遡及的に消滅する。）。その効果は、訴訟当事者以外の第三者にも及ぶ（**第三者効**。行訴32条1項）。

② **既判力**、つまり、処分の取消訴訟が確定した場合、再び裁判所で判断しない。

③ **拘束力**、つまり、その事件について、取消判決は行政庁を拘束する（行訴33条1項）。行政庁は、判決の趣旨に従って再度、当初の申請について改めて審査を行って処分をすべきことになる（**再審査義務**の発生。同条2項）。

　例えば、法4条の転用許可申請に対し、行政庁である都道府県知事が、一般基準である「転用目的実現の確実性」が認められないという理由で不許可処分を出したとする［⇒542参照］。それが判決で違法として取り消された場合、行政庁は、同一理由（転用目的実現の確実性を欠くという理由）に基づいて、同一内容の処分（不許可処分）を下すことはできない。

(5)　義務付け訴訟　　　　　　　　　　　　　　　　　　［645］

ア　2つの訴訟類型　　義務付け訴訟には、2つの類型がある。

　第1に、**申請型義務付け訴訟**であり（行訴3条6項2号・37条の3）、第2に、**非申請型義務付け訴訟**である（行訴3条6項1号・37条の2）。

　両者は、法令上の申請権があるか否かで区別される。農地法の処分にあっては、そもそも法令上の申請権があることが前提となっていることから、ここでは前者についてのみ検討することとする。

イ　**訴訟要件**　　申請型義務付け訴訟を提起することが認められるのは、申請者が、「一定の処分」を求めて申請したが、行政庁が、申請を拒否し、または応答しない場合である（行訴3条6項2号）。

ウ　**具体例**　　例えば、農地法3条1項の許可を受けるため、A市農業委員会に対し、農地の売主Bと買主Cが連署の上で申請したが、申請拒否処分（不許可処分）を受けた場合、BおよびCは、A市を被告として、義務付け訴訟を提起することができる（行訴38条1項・11条）。

　ただし、この場合、A市農業委員会が行った不許可処分の取消訴訟も併合提起することが行訴法上は必要とされる（行訴37条の3第3項2号）。

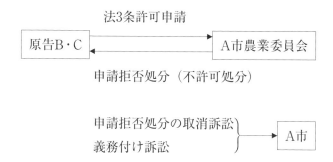

エ　**本案勝訴要件**　　原告らが提起した義務付け訴訟について、裁判所が義務付け判決を下すための要件は、行訴法37条の3第5項に定められている。それによれば、上記の例の場合、（ⅰ）併合提起された訴訟（不許可処分の取消訴訟）において請求に理由があると認められること、（ⅱ）行政庁であるA市農業委員会が許可処分をすべきことが根拠法である農地法の規定から明らかであると認められること、または許可処分をしないことが裁量権の踰越・濫用に当たると認められること

である。

　仮にA市農業委員会が、農地法3条の解釈を誤って不許可処分を行っ
たものと裁判所が認定した場合、義務付け判決が下されることになる。
オ　判決の効果　　裁判所によって義務付け判決が下されると、当該
判決には拘束力があるため、行政庁であるA市農業委員会は、判決で
命ぜられたとおりの処分（法3条1項許可処分）を行わねばならない（行
訴38条・33条1項）。

5　国家賠償法

(1)　公権力の行使による賠償責任　　　　　　　　　　［651］

ア　**国家賠償法1条**　　国家賠償法（以下「国賠法」という。）1条1項は、「国又は公共団体の公権力の行使に当たる公務員が、その職務を行うについて、故意又は過失によって違法に他人に損害を加えたときは、国又は公共団体が、これを賠償する責に任ずる。」と定める。

イ　**責任の性質**　　国賠法1条の国または公共団体の責任の性質については、もともと公務員個人が負うべき責任を国または公共団体が代位したものと解する**代位責任説**が通説といえる。

ウ　**公権力の行使**　　国賠法1条のいう「**公権力の行使**」の意味については、国または公共団体の行う私経済作用および国賠法2条の対象を除くすべての活動を含むと考える立場が、判例・通説といえる。この立場によれば、例えば、行政機関の行う行政指導、公立学校における教育活動等も含まれることになる（最判昭62・2・6判時1232・100、最判平5・2・18民集47・2・574）。

エ　**職務行為関連性**　　国賠法1条は、「公務員が、その職務を行うについて」と定め、国家賠償責任の発生要件として職務行為関連性を求める。ここで問題は、公務員が、実際には職務行為を行う意思がないにもかかわらず、外観上あたかも職務行為に当たる行為を行って相手方に損害を加えた場合である。この点について最高裁は、「公務員が自己の利をはかる意図をもってする場合でも、客観的に職務執行の外形をそなえる行為をしてこれによって、他人に損害を加えた場合には」国または公共団体の損害賠償責任が発生するとの立場をとっている（最判昭31・11・30民集10・11・1502）。いわゆる**外形標準説**を採用している。

(2)　故意・過失、違法等　　　　　　　　　　　　　　　　　[652]

　故意・過失、違法等　　国賠法1条の定める「故意又は過失によって
違法に」という文言をどのように解するかについては諸説ある。しか
し、一般の実務者としては、最高裁判例の示す解釈に従っておけば足
りる。最高裁は、「奈良税務署長がその職務上通常尽くすべき注意義
務を尽くすことなく漫然と更正をしたという事情は認められないか
ら、（・・・）国家賠償法1条1項にいう違法があったということは到底
できない」との考え方を示している（最判平5・3・11民集47・4・2863。
職務行為基準説）。

　職務行為基準説は、国賠法1条の「違法」を認定するためには、公権
力の行使が法令の定める発動要件の一部または全部を欠いているこ
と、および公務員が職務上通常尽くすべき注意義務を果たしていない
ことの2要件の充足を求める立場と解される（大橋救済417頁）。

(3)　公務員の個人責任　　　　　　　　　　　　　　　　　　[653]

　ア　**公務員の個人責任**　　ここでいう公務員の個人責任とは、被害者
が公務員個人に対し直接追及する形での責任を指す。この点について
国賠法1条は、前記のとおり、「国又は公共団体が、これを賠償する責
に任ずる」と定めていることから、対外的な責任は、国または公共団
体が専ら負担するものと解される。また、最高裁の判例も、公務員の
個人責任を否定している（最判昭30・4・19民集9・5・534）。本書も同様
の立場に立つ。

　イ　**否定説の根拠**　　公務員の個人責任を否定する根拠として、第1に、
仮にこれを肯定した場合、公務員が萎縮し、適正果敢な公務の遂行が
抑制されるおそれがあること。第2に、逆恨みによる訴訟が提起され、
公務員が被告としての立場で訴訟に巻き込まれ、これによって被る経
済的・精神的な負担が大きいという点があげられている（宇賀救済458
頁）。

附　録

附

録

○農地法（抄）

$$\left(\begin{array}{c}\text{昭和27年7月15日}\\\text{法　律　第　229　号}\end{array}\right)$$

※条文の内容は、未施行のものも含め、令和4年6月17日法律第68号による改正までを反映

第1章　総則

（目的）

第1条　この法律は、国内の農業生産の基盤である農地が現在及び将来における国民のための限られた資源であり、かつ、地域における貴重な資源であることにかんがみ、耕作者自らによる農地の所有が果たしてきている重要な役割も踏まえつつ、農地を農地以外のものにすることを規制するとともに、農地を効率的に利用する耕作者による地域との調和に配慮した農地についての権利の取得を促進し、及び農地の利用関係を調整し、並びに農地の農業上の利用を確保するための措置を講ずることにより、耕作者の地位の安定と国内の農業生産の増大を図り、もつて国民に対する食料の安定供給の確保に資することを目的とする。

（定義）

第2条　この法律で「農地」とは、耕作の目的に供される土地をいい、「採草放牧地」とは、農地以外の土地で、主として耕作又は養畜の事業のための採草又は家畜の放牧の目的に供されるものをいう。

2　この法律で「世帯員等」とは、住居及び生計を一にする親族（次に掲げる事由により一時的に住居又は生計を異にしている親族を含む。）並びに当該親族の行う耕作又は養畜の事業に従事するその他の2親等内の親族をいう。

一　疾病又は負傷による療養

二　就学

三　公選による公職への就任

四　その他農林水産省令で定める事由

3　この法律で「農地所有適格法人」とは、農事組合法人、株式会社（公開会社（会社法（平成17年法律第86号）第2条第5号に規定する公開会社をいう。）でないものに限る。以下同じ。）又は持分会社（同法第575条第1項に規定する持分会社をいう。以下同じ。）で、次に掲げる要件の全てを満たしているものをいう。

一　その法人の主たる事業が農業（その行う農業に関連する事業であつて農畜産物を原料又は材料として使用する製造又は加工その他農林水産省令で定めるもの、農業と併せ行う林業及び農事組合法人にあつては農業と併せ行う農業協同組合法（昭和22年法律第132号）第72条の10第1項第1号の事業を含む。

以下この項において同じ。）であること。

二　その法人が、株式会社にあつては次に掲げる者に該当する株主の有する議決権の合計が総株主の議決権の過半を、持分会社にあつては次に掲げる者に該当する社員の数が社員の総数の過半を占めているものであること。

　イ　その法人に農地若しくは採草放牧地について所有権若しくは使用収益権（地上権、永小作権、使用貸借による権利又は賃借権をいう。以下同じ。）を移転した個人（その法人の株主又は社員となる前にこれらの権利をその法人に移転した者のうち、その移転後農林水産省令で定める一定期間内に株主又は社員となり、引き続き株主又は社員となつている個人以外のものを除く。）又はその一般承継人（農林水産省令で定めるものに限る。）

　ロ　その法人に農地又は採草放牧地について使用収益権に基づく使用及び収益をさせている個人

　ハ　その法人に使用及び収益をさせるため農地又は採草放牧地について所有権の移転又は使用収益権の設定若しくは移転に関し第3条第1項の許可を申請している個人（当該申請に対する許可があり、近くその許可に係る農地又は採草放牧地についてその法人に所有権を移転し、又は使用収益権を設定し、若しくは移転することが確実と認められる個人を含む。）

　ニ　その法人に農地又は採草放牧地について使用貸借による権利又は賃借権に基づく使用及び収益をさせている農地中間管理機構（農地中間管理事業の推進に関する法律（平成25年法律第101号）第2条第4項に規定する農地中間管理機構をいう。以下同じ。）に当該農地又は採草放牧地について使用貸借による権利又は賃借権を設定している個人

　ホ　その法人の行う農業に常時従事する者（前項各号に掲げる事由により一時的にその法人の行う農業に常時従事することができない者で当該事由がなくなれば常時従事することとなると農業委員会が認めたもの及び農林水産省令で定める一定期間内にその法人の行う農業に常時従事することとなることが確実と認められる者を含む。以下「常時従事者」という。）

　ヘ　その法人に農作業（農林水産省令で定めるものに限る。）の委託を行つている個人

　ト　その法人に農業経営基盤強化促進法（昭和55年法律第65号）第7条第3号に掲げる事業に係る現物出資を行つた農地中間管理機構

　チ　地方公共団体、農業協同組合又は農業協同組合連合会

三　その法人の常時従事者たる構成員（農事組合法人にあつては組合員、株式会社にあつては株主、持分会社にあつては社員をいう。以下同じ。）が理事等（農事組合法人にあつては理事、株式会社にあつては取締役、持分会社にあ

つては業務を執行する社員をいう。次号において同じ。）の数の過半を占めていること。

　　四　その法人の理事等又は農林水産省令で定める使用人（いずれも常時従事者に限る。）のうち、1人以上の者がその法人の行う農業に必要な農作業に1年間に農林水産省令で定める日数以上従事すると認められるものであること。

4　前項第2号ホに規定する常時従事者であるかどうかを判定すべき基準は、農林水産省令で定める。

（農地について権利を有する者の責務）

第2条の2　農地について所有権又は賃借権その他の使用及び収益を目的とする権利を有する者は、当該農地の農業上の適正かつ効率的な利用を確保するようにしなければならない。

　　　　第2章　権利移動及び転用の制限等

（農地又は採草放牧地の権利移動の制限）

第3条　農地又は採草放牧地について所有権を移転し、又は地上権、永小作権、質権、使用貸借による権利、賃借権若しくはその他の使用及び収益を目的とする権利を設定し、若しくは移転する場合には、政令で定めるところにより、当事者が農業委員会の許可を受けなければならない。ただし、次の各号のいずれかに該当する場合及び第5条第1項本文に規定する場合は、この限りでない。

　　一　第46条第1項又は第47条の規定によつて所有権が移転される場合

　　二　削除

　　三　第37条から第40条までの規定によつて農地中間管理権（農地中間管理事業の推進に関する法律第2条第5項に規定する農地中間管理権をいう。以下同じ。）が設定される場合

　　四　第41条の規定によつて同条第1項に規定する利用権が設定される場合

　　五　これらの権利を取得する者が国又は都道府県である場合

　　六　土地改良法（昭和24年法律第195号）、農業振興地域の整備に関する法律（昭和44年法律第58号）、集落地域整備法（昭和62年法律第63号）又は市民農園整備促進法（平成2年法律第44号）による交換分合によつてこれらの権利が設定され、又は移転される場合

　　七　農地中間管理事業の推進に関する法律第18条第7項の規定による公告があつた農用地利用集積等促進計画の定めるところによつて同条第1項の権利が設定され、又は移転される場合

　　八　特定農山村地域における農林業等の活性化のための基盤整備の促進に関する法律（平成5年法律第72号）第9条第1項の規定による公告があつた所有権移

転等促進計画の定めるところによつて同法第2条第3項第3号の権利が設定され、又は移転される場合

九　農山漁村の活性化のための定住等及び地域間交流の促進に関する法律（平成19年法律第48号）第9条第1項の規定による公告があつた所有権移転等促進計画の定めるところによつて同法第5条第10項の権利が設定され、又は移転される場合

九の二　農林漁業の健全な発展と調和のとれた再生可能エネルギー電気の発電の促進に関する法律（平成25年法律第81号）第17条の規定による公告があつた所有権移転等促進計画の定めるところによつて同法第5条第4項の権利が設定され、又は移転される場合

十　民事調停法（昭和26年法律第222号）による農事調停によつてこれらの権利が設定され、又は移転される場合

十一　土地収用法（昭和26年法律第219号）その他の法律によつて農地若しくは採草放牧地又はこれらに関する権利が収用され、又は使用される場合

十二　遺産の分割、民法（明治29年法律第89号）第768条第2項（同法第749条及び第771条において準用する場合を含む。）の規定による財産の分与に関する裁判若しくは調停又は同法第958条の2の規定による相続財産の分与に関する裁判によつてこれらの権利が設定され、又は移転される場合

十三　農地中間管理機構が、農林水産省令で定めるところによりあらかじめ農業委員会に届け出て、農業経営基盤強化促進法第7条第1号に掲げる事業の実施によりこれらの権利を取得する場合

十四　農業協同組合法第10条第3項の信託の引受けの事業又は農業経営基盤強化促進法第7条第2号に掲げる事業（以下これらを「信託事業」という。）を行う農業協同組合又は農地中間管理機構が信託事業による信託の引受けにより所有権を取得する場合及び当該信託の終了によりその委託者又はその一般承継人が所有権を取得する場合

十四の二　農地中間管理機構が、農林水産省令で定めるところによりあらかじめ農業委員会に届け出て、農地中間管理事業（農地中間管理事業の推進に関する法律第2条第3項に規定する農地中間管理事業をいう。以下同じ。）の実施により農地中間管理権又は経営受託権（同法第8条第3項第3号ロに規定する経営受託権をいう。）を取得する場合

十四の三　農地中間管理機構が引き受けた農地貸付信託（農地中間管理事業の推進に関する法律第2条第5項第2号に規定する農地貸付信託をいう。）の終了によりその委託者又はその一般承継人が所有権を取得する場合

十五　地方自治法（昭和22年法律第67号）第252条の19第1項の指定都市（以下

単に「指定都市」という。）が古都における歴史的風土の保存に関する特別措
置法（昭和41年法律第1号）第19条の規定に基づいてする同法第11条第1項の
規定による買入れによつて所有権を取得する場合

　十六　その他農林水産省令で定める場合

2　前項の許可は、次の各号のいずれかに該当する場合には、することができな
い。ただし、民法第269条の2第1項の地上権又はこれと内容を同じくするその
他の権利が設定され、又は移転されるとき、農業協同組合法第10条第2項に規定
する事業を行う農業協同組合又は農業協同組合連合会が農地又は採草放牧地の
所有者から同項の委託を受けることにより第1号に掲げる権利が取得されるこ
ととなるとき、同法第11条の50第1項第1号に掲げる場合において農業協同組合
又は農業協同組合連合会が使用貸借による権利又は賃借権を取得するとき、並
びに第1号、第2号及び第4号に掲げる場合において政令で定める相当の事由が
あるときは、この限りでない。

　一　所有権、地上権、永小作権、質権、使用貸借による権利、賃借権若しくはそ
　　の他の使用及び収益を目的とする権利を取得しようとする者又はその世帯員
　　等の耕作又は養畜の事業に必要な機械の所有の状況、農作業に従事する者の
　　数等からみて、これらの者がその取得後において耕作又は養畜の事業に供す
　　べき農地及び採草放牧地の全てを効率的に利用して耕作又は養畜の事業を行
　　うと認められない場合

　二　農地所有適格法人以外の法人が前号に掲げる権利を取得しようとする場合

　三　信託の引受けにより第1号に掲げる権利が取得される場合

　四　第1号に掲げる権利を取得しようとする者（農地所有適格法人を除く。）又
　　はその世帯員等がその取得後において行う耕作又は養畜の事業に必要な農作
　　業に常時従事すると認められない場合

　五　農地又は採草放牧地につき所有権以外の権原に基づいて耕作又は養畜の事
　　業を行う者がその土地を貸し付け、又は質入れしようとする場合（当該事業
　　を行う者又はその世帯員等の死亡又は第2条第2項各号に掲げる事由によりそ
　　の土地について耕作、採草又は家畜の放牧をすることができないため一時貸
　　し付けようとする場合、当該事業を行う者がその土地をその世帯員等に貸し
　　付けようとする場合、その土地を水田裏作（田において稲を通常栽培する期
　　間以外の期間稲以外の作物を栽培することをいう。以下同じ。）の目的に供
　　するため貸し付けようとする場合及び農地所有適格法人の常時従事者たる構
　　成員がその土地をその法人に貸し付けようとする場合を除く。）

　六　第1号に掲げる権利を取得しようとする者又はその世帯員等がその取得後
　　において行う耕作又は養畜の事業の内容並びにその農地又は採草放牧地の位

　　置及び規模からみて、農地の集団化、農作業の効率化その他周辺の地域にお
　　ける農地又は採草放牧地の農業上の効率的かつ総合的な利用の確保に支障を
　　生ずるおそれがあると認められる場合

3　農業委員会は、農地又は採草放牧地について使用貸借による権利又は賃借権
　が設定される場合において、次に掲げる要件の全てを満たすときは、前項（第2
　号及び第4号に係る部分に限る。）の規定にかかわらず、第1項の許可をすること
　ができる。

　　一　これらの権利を取得しようとする者がその取得後においてその農地又は採
　　　草放牧地を適正に利用していないと認められる場合に使用貸借又は賃貸借の
　　　解除をする旨の条件が書面による契約において付されていること。

　　二　これらの権利を取得しようとする者が地域の農業における他の農業者との
　　　適切な役割分担の下に継続的かつ安定的に農業経営を行うと見込まれるこ
　　　と。

　　三　これらの権利を取得しようとする者が法人である場合にあつては、その法
　　　人の業務を執行する役員又は農林水産省令で定める使用人（次条第1項第3号
　　　において「業務執行役員等」という。）のうち、1人以上の者がその法人の行う
　　　耕作又は養畜の事業に常時従事すると認められること。

4　農業委員会は、前項の規定により第1項の許可をしようとするときは、あらか
　じめ、その旨を市町村長に通知するものとする。この場合において、当該通知
　を受けた市町村長は、市町村の区域における農地又は採草放牧地の農業上の適
　正かつ総合的な利用を確保する見地から必要があると認めるときは、意見を述
　べることができる。

5　第1項の許可は、条件をつけてすることができる。

6　第1項の許可を受けないでした行為は、その効力を生じない。

（農地又は採草放牧地の権利移動の許可の取消し等）

第3条の2　農業委員会は、次の各号のいずれかに該当する場合には、農地又は
　採草放牧地について使用貸借による権利又は賃借権の設定を受けた者（前条第
　3項の規定の適用を受けて同条第1項の許可を受けた者に限る。次項第1号にお
　いて同じ。）に対し、相当の期限を定めて、必要な措置を講ずべきことを勧告す
　ることができる。

　　一　その者がその農地又は採草放牧地において行う耕作又は養畜の事業によ
　　　り、周辺の地域における農地又は採草放牧地の農業上の効率的かつ総合的な
　　　利用の確保に支障が生じている場合

　　二　その者が地域の農業における他の農業者との適切な役割分担の下に継続的
　　　かつ安定的に農業経営を行つていないと認める場合

　　三　その者が法人である場合にあつては、その法人の業務執行役員等のいずれ
　　　もがその法人の行う耕作又は養畜の事業に常時従事していないと認める場合
2　農業委員会は、次の各号のいずれかに該当する場合には、前条第3項の規定に
　よりした同条第1項の許可を取り消さなければならない。
　　一　農地又は採草放牧地について使用貸借による権利又は賃借権の設定を受け
　　　た者がその農地又は採草放牧地を適正に利用していないと認められるにもか
　　　かわらず、当該使用貸借による権利又は賃借権を設定した者が使用貸借又は
　　　賃貸借の解除をしないとき。
　　二　前項の規定による勧告を受けた者がその勧告に従わなかつたとき。
3　農業委員会は、前条第3項第1号に規定する条件に基づき使用貸借若しくは賃
　貸借が解除された場合又は前項の規定による許可の取消しがあつた場合におい
　て、その農地又は採草放牧地の適正かつ効率的な利用が図られないおそれがあ
　ると認めるときは、当該農地又は採草放牧地の所有者に対し、当該農地又は採
　草放牧地についての所有権の移転又は使用及び収益を目的とする権利の設定の
　あつせんその他の必要な措置を講ずるものとする。
（農地又は採草放牧地についての権利取得の届出）
第3条の3　農地又は採草放牧地について第3条第1項本文に掲げる権利を取得し
　た者は、同項の許可を受けてこれらの権利を取得した場合、同項各号（第12号
　及び第16号を除く。）のいずれかに該当する場合その他農林水産省令で定める
　場合を除き、遅滞なく、農林水産省令で定めるところにより、その農地又は採
　草放牧地の存する市町村の農業委員会にその旨を届け出なければならない。
（農地の転用の制限）
第4条　農地を農地以外のものにする者は、都道府県知事（農地又は採草放牧地
　の農業上の効率的かつ総合的な利用の確保に関する施策の実施状況を考慮して
　農林水産大臣が指定する市町村（以下「指定市町村」という。）の区域内にあつ
　ては、指定市町村の長。以下「都道府県知事等」という。）の許可を受けなけれ
　ばならない。ただし、次の各号のいずれかに該当する場合は、この限りでない。
　　一　次条第1項の許可に係る農地をその許可に係る目的に供する場合
　　二　国又は都道府県等（都道府県又は指定市町村をいう。以下同じ。）が、道路、
　　　農業用用排水施設その他の地域振興上又は農業振興上の必要性が高いと認め
　　　られる施設であつて農林水産省令で定めるものの用に供するため、農地を農
　　　地以外のものにする場合
　　三　農地中間管理事業の推進に関する法律第18条第7項の規定による公告があ
　　　つた農用地利用集積等促進計画の定めるところによつて設定され、又は移転
　　　された同条第1項の権利に係る農地を当該農用地利用集積等促進計画に定め

　　る利用目的に供する場合

　四　特定農山村地域における農林業等の活性化のための基盤整備の促進に関する法律第9条第1項の規定による公告があつた所有権移転等促進計画の定めるところによつて設定され、又は移転された同法第2条第3項第3号の権利に係る農地を当該所有権移転等促進計画に定める利用目的に供する場合

　五　農山漁村の活性化のための定住等及び地域間交流の促進に関する法律第5条第1項の規定により作成された活性化計画（同条第4項各号に掲げる事項が記載されたものに限る。）に従つて農地を同条第2項第2号に規定する活性化事業の用に供する場合又は同法第9条第1項の規定による公告があつた所有権移転等促進計画の定めるところによつて設定され、若しくは移転された同法第5条第10項の権利に係る農地を当該所有権移転等促進計画に定める利用目的に供する場合

　六　土地収用法その他の法律によつて収用し、又は使用した農地をその収用又は使用に係る目的に供する場合

　七　市街化区域（都市計画法（昭和43年法律第100号）第7条第1項の市街化区域と定められた区域（同法第23条第1項の規定による協議を要する場合にあつては、当該協議が調つたものに限る。）をいう。）内にある農地を、政令で定めるところによりあらかじめ農業委員会に届け出て、農地以外のものにする場合

　八　その他農林水産省令で定める場合

2　前項の許可を受けようとする者は、農林水産省令で定めるところにより、農林水産省令で定める事項を記載した申請書を、農業委員会を経由して、都道府県知事等に提出しなければならない。

3　農業委員会は、前項の規定により申請書の提出があつたときは、農林水産省令で定める期間内に、当該申請書に意見を付して、都道府県知事等に送付しなければならない。

4　農業委員会は、前項の規定により意見を述べようとするとき（同項の申請書が同一の事業の目的に供するため30アールを超える農地を農地以外のものにする行為に係るものであるときに限る。）は、あらかじめ、農業委員会等に関する法律（昭和26年法律第88号）第43条第1項に規定する都道府県機構（以下「都道府県機構」という。）の意見を聴かなければならない。ただし、同法第42条第1項の規定による都道府県知事の指定がされていない場合は、この限りでない。

5　前項に規定するもののほか、農業委員会は、第3項の規定により意見を述べるため必要があると認めるときは、都道府県機構の意見を聴くことができる。

6　第1項の許可は、次の各号のいずれかに該当する場合には、することができな

い。ただし、第1号及び第2号に掲げる場合において、土地収用法第26条第1項の規定による告示（他の法律の規定による告示又は公告で同項の規定による告示とみなされるものを含む。次条第2項において同じ。）に係る事業の用に供するため農地を農地以外のものにしようとするとき、第1号イに掲げる農地を農業振興地域の整備に関する法律第8条第4項に規定する農用地利用計画（以下単に「農用地利用計画」という。）において指定された用途に供するため農地以外のものにしようとするときその他政令で定める相当の事由があるときは、この限りでない。

一　次に掲げる農地を農地以外のものにしようとする場合

　イ　農用地区域（農業振興地域の整備に関する法律第8条第2項第1号に規定する農用地区域をいう。以下同じ。）内にある農地

　ロ　イに掲げる農地以外の農地で、集団的に存在する農地その他の良好な営農条件を備えている農地として政令で定めるもの（市街化調整区域（都市計画法第7条第1項の市街化調整区域をいう。以下同じ。）内にある政令で定める農地以外の農地にあつては、次に掲げる農地を除く。）

　　(1)　市街地の区域内又は市街地化の傾向が著しい区域内にある農地で政令で定めるもの

　　(2)　(1)の区域に近接する区域その他市街地化が見込まれる区域内にある農地で政令で定めるもの

二　前号イ及びロに掲げる農地（同号ロ(1)に掲げる農地を含む。）以外の農地を農地以外のものにしようとする場合において、申請に係る農地に代えて周辺の他の土地を供することにより当該申請に係る事業の目的を達成することができると認められるとき。

三　申請者に申請に係る農地を農地以外のものにする行為を行うために必要な資力及び信用があると認められないこと、申請に係る農地を農地以外のものにする行為の妨げとなる権利を有する者の同意を得ていないことその他農林水産省令で定める事由により、申請に係る農地の全てを住宅の用、事業の用に供する施設の用その他の当該申請に係る用途に供することが確実と認められない場合

四　申請に係る農地を農地以外のものにすることにより、土砂の流出又は崩壊その他の災害を発生させるおそれがあると認められる場合、農業用用排水施設の有する機能に支障を及ぼすおそれがあると認められる場合その他の周辺の農地に係る営農条件に支障を生ずるおそれがあると認められる場合

五　申請に係る農地を農地以外のものにすることにより、地域における効率的かつ安定的な農業経営を営む者に対する農地の利用の集積に支障を及ぼすお

　　それがあると認められる場合その他の地域における農地の農業上の効率的か
　　つ総合的な利用の確保に支障を生ずるおそれがあると認められる場合として
　　政令で定める場合
　六　仮設工作物の設置その他の一時的な利用に供するため農地を農地以外のも
　　のにしようとする場合において、その利用に供された後にその土地が耕作の
　　目的に供されることが確実と認められないとき。
7　第1項の許可は、条件を付けてすることができる。
8　国又は都道府県等が農地を農地以外のものにしようとする場合（第1項各号
　のいずれかに該当する場合を除く。）においては、国又は都道府県等と都道府県
　知事等との協議が成立することをもつて同項の許可があつたものとみなす。
9　都道府県知事等は、前項の協議を成立させようとするときは、あらかじめ、
　農業委員会の意見を聴かなければならない。
10　第4項及び第5項の規定は、農業委員会が前項の規定により意見を述べようと
　する場合について準用する。
11　第1項に規定するもののほか、指定市町村の指定及びその取消しに関し必要
　な事項は、政令で定める。
（農地又は採草放牧地の転用のための権利移動の制限）
第5条　農地を農地以外のものにするため又は採草放牧地を採草放牧地以外のも
　の（農地を除く。次項及び第4項において同じ。）にするため、これらの土地に
　ついて第3条第1項本文に掲げる権利を設定し、又は移転する場合には、当事者
　が都道府県知事等の許可を受けなければならない。ただし、次の各号のいずれ
　かに該当する場合は、この限りでない。
　一　国又は都道府県等が、前条第1項第2号の農林水産省令で定める施設の用に
　　供するため、これらの権利を取得する場合
　二　農地又は採草放牧地を農地中間管理事業の推進に関する法律第18条第7項
　　の規定による公告があつた農用地利用集積等促進計画に定める利用目的に供
　　するため当該農用地利用集積等促進計画の定めるところによつて同条第1項
　　の権利が設定され、又は移転される場合
　三　農地又は採草放牧地を特定農山村地域における農林業等の活性化のための
　　基盤整備の促進に関する法律第9条第1項の規定による公告があつた所有権移
　　転等促進計画に定める利用目的に供するため当該所有権移転等促進計画の定
　　めるところによつて同法第2条第3項第3号の権利が設定され、又は移転され
　　る場合
　四　農地又は採草放牧地を農山漁村の活性化のための定住等及び地域間交流の
　　促進に関する法律第9条第1項の規定による公告があつた所有権移転等促進計

画に定める利用目的に供するため当該所有権移転等促進計画の定めるところによつて同法第5条第10項の権利が設定され、又は移転される場合

五　土地収用法その他の法律によつて農地若しくは採草放牧地又はこれらに関する権利が収用され、又は使用される場合

六　前条第1項第7号に規定する市街化区域内にある農地又は採草放牧地につき、政令で定めるところによりあらかじめ農業委員会に届け出て、農地及び採草放牧地以外のものにするためこれらの権利を取得する場合

七　その他農林水産省令で定める場合

2　前項の許可は、次の各号のいずれかに該当する場合には、することができない。ただし、第1号及び第2号に掲げる場合において、土地収用法第26条第1項の規定による告示に係る事業の用に供するため第3条第1項本文に掲げる権利を取得しようとするとき、第1号イに掲げる農地又は採草放牧地につき農用地利用計画において指定された用途に供するためこれらの権利を取得しようとするときその他政令で定める相当の事由があるときは、この限りでない。

一　次に掲げる農地又は採草放牧地につき第3条第1項本文に掲げる権利を取得しようとする場合

イ　農用地区域内にある農地又は採草放牧地

ロ　イに掲げる農地又は採草放牧地以外の農地又は採草放牧地で、集団的に存在する農地又は採草放牧地その他の良好な営農条件を備えている農地又は採草放牧地として政令で定めるもの（市街化調整区域内にある政令で定める農地又は採草放牧地以外の農地又は採草放牧地にあつては、次に掲げる農地又は採草放牧地を除く。）

(1)　市街地の区域内又は市街化の傾向が著しい区域内にある農地又は採草放牧地で政令で定めるもの

(2)　(1)の区域に近接する区域その他市街地化が見込まれる区域内にある農地又は採草放牧地で政令で定めるもの

二　前号イ及びロに掲げる農地（同号ロ(1)に掲げる農地を含む。）以外の農地を農地以外のものにするため第3条第1項本文に掲げる権利を取得しようとする場合又は同号イ及びロに掲げる採草放牧地（同号ロ(1)に掲げる採草放牧地を含む。）以外の採草放牧地を採草放牧地以外のものにするためこれらの権利を取得しようとする場合において、申請に係る農地又は採草放牧地に代えて周辺の他の土地を供することにより当該申請に係る事業の目的を達成することができると認められるとき。

三　第3条第1項本文に掲げる権利を取得しようとする者に申請に係る農地を農地以外のものにする行為又は申請に係る採草放牧地を採草放牧地以外のもの

にする行為を行うために必要な資力及び信用があると認められないこと、申
請に係る農地を農地以外のものにする行為又は申請に係る採草放牧地を採草
放牧地以外のものにする行為の妨げとなる権利を有する者の同意を得ていな
いことその他農林水産省令で定める事由により、申請に係る農地又は採草放
牧地の全てを住宅の用、事業の用に供する施設の用その他の当該申請に係る
用途に供することが確実と認められない場合

四　申請に係る農地を農地以外のものにすること又は申請に係る採草放牧地を
　　採草放牧地以外のものにすることにより、土砂の流出又は崩壊その他の災害
　　を発生させるおそれがあると認められる場合、農業用用排水施設の有する機
　　能に支障を及ぼすおそれがあると認められる場合その他の周辺の農地又は採
　　草放牧地に係る営農条件に支障を生ずるおそれがあると認められる場合

五　申請に係る農地を農地以外のものにすること又は申請に係る採草放牧地を
　　採草放牧地以外のものにすることにより、地域における効率的かつ安定的な
　　農業経営を営む者に対する農地又は採草放牧地の利用の集積に支障を及ぼす
　　おそれがあると認められる場合その他の地域における農地又は採草放牧地の
　　農業上の効率的かつ総合的な利用の確保に支障を生ずるおそれがあると認め
　　られる場合として政令で定める場合

六　仮設工作物の設置その他の一時的な利用に供するため所有権を取得しよう
　　とする場合

七　仮設工作物の設置その他の一時的な利用に供するため、農地につき所有権
　　以外の第3条第1項本文に掲げる権利を取得しようとする場合においてその利
　　用に供された後にその土地が耕作の目的に供されることが確実と認められな
　　いとき、又は採草放牧地につきこれらの権利を取得しようとする場合におい
　　てその利用に供された後にその土地が耕作の目的若しくは主として耕作若し
　　くは養畜の事業のための採草若しくは家畜の放牧の目的に供されることが確
　　実と認められないとき。

八　農地を採草放牧地にするため第3条第1項本文に掲げる権利を取得しようと
　　する場合において、同条第2項の規定により同条第1項の許可をすることがで
　　きない場合に該当すると認められるとき。

3　第3条第5項及び第6項並びに前条第2項から第5項までの規定は、第1項の場合
　　に準用する。この場合において、同条第4項中「申請書が」とあるのは「申請書
　　が、農地を農地以外のものにするため又は採草放牧地を採草放牧地以外のもの
　　（農地を除く。）にするためこれらの土地について第3条第1項本文に掲げる権
　　利を取得する行為であつて、」と、「農地を農地以外のものにする行為」とある
　　のは「農地又はその農地と併せて採草放牧地についてこれらの権利を取得する

もの」と読み替えるものとする。

4　国又は都道府県等が、農地を農地以外のものにするため又は採草放牧地を採草放牧地以外のものにするため、これらの土地について第3条第1項本文に掲げる権利を取得しようとする場合（第1項各号のいずれかに該当する場合を除く。）においては、国又は都道府県等と都道府県知事等との協議が成立することをもつて第1項の許可があつたものとみなす。

5　前条第9項及び第10項の規定は、都道府県知事等が前項の協議を成立させようとする場合について準用する。この場合において、同条第10項中「準用する」とあるのは、「準用する。この場合において、第4項中「申請書が」とあるのは「申請書が、農地を農地以外のものにするため又は採草放牧地を採草放牧地以外のもの（農地を除く。）にするためこれらの土地について第3条第1項本文に掲げる権利を取得する行為であつて、」と、「農地を農地以外のものにする行為」とあるのは「農地又はその農地と併せて採草放牧地についてこれらの権利を取得するもの」と読み替えるものとする」と読み替えるものとする。

（立入調査）

第14条　農業委員会は、農業委員会等に関する法律第35条第1項の規定による立入調査のほか、第7条第1項の規定による買収をするため必要があるときは、委員、推進委員（同法第17条第1項に規定する推進委員をいう。次項において同じ。）又は職員に法人の事務所その他の事業場に立ち入らせて必要な調査をさせることができる。

2　前項の規定により立入調査をする委員、推進委員又は職員は、その身分を示す証明書を携帯し、関係者にこれを提示しなければならない。

3　第1項の規定による立入調査の権限は、犯罪捜査のために認められたものと解してはならない。

　　　第3章　利用関係の調整等

（農地又は採草放牧地の賃貸借の対抗力）

第16条　農地又は採草放牧地の賃貸借は、その登記がなくても、農地又は採草放牧地の引渡があつたときは、これをもつてその後その農地又は採草放牧地について物権を取得した第3者に対抗することができる。

（農地又は採草放牧地の賃貸借の更新）

第17条　農地又は採草放牧地の賃貸借について期間の定めがある場合において、その当事者が、その期間の満了の1年前から6月前まで（賃貸人又はその世帯員等の死亡又は第2条第2項に掲げる事由によりその土地について耕作、採草又は家畜の放牧をすることができないため、一時賃貸をしたことが明らかな場合は、

その期間の満了の6月前から1月前まで）の間に、相手方に対して更新をしない
旨の通知をしないときは、従前の賃貸借と同一の条件で更に賃貸借をしたもの
とみなす。ただし、水田裏作を目的とする賃貸借でその期間が1年未満である
もの、第37条から第40条までの規定によつて設定された農地中間管理権に係る
賃貸借及び農地中間管理事業の推進に関する法律第18条第7項の規定による公
告があつた農用地利用集積等促進計画の定めるところによつて設定され、又は
移転された賃借権に係る賃貸借については、この限りでない。
（農地又は採草放牧地の賃貸借の解約等の制限）
第18条　農地又は採草放牧地の賃貸借の当事者は、政令で定めるところにより都
　道府県知事の許可を受けなければ、賃貸借の解除をし、解約の申入れをし、合
　意による解約をし、又は賃貸借の更新をしない旨の通知をしてはならない。た
　だし、次の各号のいずれかに該当する場合は、この限りでない。
　一　解約の申入れ、合意による解約又は賃貸借の更新をしない旨の通知が、信
　　託事業に係る信託財産につき行われる場合（その賃貸借がその信託財産に係
　　る信託の引受け前から既に存していたものである場合及び解約の申入れ又は
　　合意による解約にあつてはこれらの行為によつて賃貸借の終了する日、賃貸
　　借の更新をしない旨の通知にあつてはその賃貸借の期間の満了する日がその
　　信託に係る信託行為によりその信託が終了することとなる日前1年以内にな
　　い場合を除く。）
　二　合意による解約が、その解約によつて農地若しくは採草放牧地を引き渡す
　　こととなる期限前6月以内に成立した合意でその旨が書面において明らかで
　　あるものに基づいて行われる場合又は民事調停法による農事調停によつて行
　　われる場合
　三　賃貸借の更新をしない旨の通知が、10年以上の期間の定めがある賃貸借（解
　　約をする権利を留保しているもの及び期間の満了前にその期間を変更したも
　　のでその変更をした時以後の期間が10年未満であるものを除く。）又は水田
　　裏作を目的とする賃貸借につき行われる場合
　四　第3条第3項の規定の適用を受けて同条第1項の許可を受けて設定された賃
　　借権に係る賃貸借の解除が、賃借人がその農地又は採草放牧地を適正に利用
　　していないと認められる場合において、農林水産省令で定めるところにより
　　あらかじめ農業委員会に届け出て行われる場合
　五　農地中間管理機構が農地中間管理事業の推進に関する法律第2条第3項第1
　　号に掲げる業務の実施により借り受け、又は同項第2号に掲げる業務若しく
　　は農業経営基盤強化促進法第7条第1号に掲げる事業の実施により貸し付けた
　　農地又は採草放牧地に係る賃貸借の解除が、農地中間管理事業の推進に関す

る法律第20条又は第21条第2項の規定により都道府県知事の承認を受けて行われる場合

2　前項の許可は、次に掲げる場合でなければ、してはならない。

一　賃借人が信義に反した行為をした場合

二　その農地又は採草放牧地を農地又は採草放牧地以外のものにすることを相当とする場合

三　賃借人の生計（法人にあつては、経営）、賃貸人の経営能力等を考慮し、賃貸人がその農地又は採草放牧地を耕作又は養畜の事業に供することを相当とする場合

四　その農地について賃借人が第36条第1項の規定による勧告を受けた場合

五　賃借人である農地所有適格法人が農地所有適格法人でなくなつた場合並びに賃借人である農地所有適格法人の構成員となつている賃貸人がその法人の構成員でなくなり、その賃貸人又はその世帯員等がその許可を受けた後において耕作又は養畜の事業に供すべき農地及び採草放牧地の全てを効率的に利用して耕作又は養畜の事業を行うことができると認められ、かつ、その事業に必要な農作業に常時従事すると認められる場合

六　その他正当の事由がある場合

3　都道府県知事は、第1項の規定により許可をしようとするときは、あらかじめ、都道府県機構の意見を聴かなければならない。ただし、農業委員会等に関する法律第42条第1項の規定による都道府県知事の指定がされていない場合は、この限りでない。

4　第1項の許可は、条件をつけてすることができる。

5　第1項の許可を受けないでした行為は、その効力を生じない。

6　農地又は採草放牧地の賃貸借につき解約の申入れ、合意による解約又は賃貸借の更新をしない旨の通知が第1項ただし書の規定により同項の許可を要しないで行なわれた場合には、これらの行為をした者は、農林水産省令で定めるところにより、農業委員会にその旨を通知しなければならない。

7　前条又は民法第617条（期間の定めのない賃貸借の解約の申入れ）若しくは第618条（期間の定めのある賃貸借の解約をする権利の留保）の規定と異なる賃貸借の条件でこれらの規定による場合に比して賃借人に不利なものは、定めないものとみなす。

8　農地又は採草放牧地の賃貸借に付けた解除条件（第3条第3項第1号及び農地中間管理事業の推進に関する法律第18条第2項第2号へに規定する条件を除く。）又は不確定期限は、付けないものとみなす。

（借賃等の増額又は減額の請求権）

第20条　借賃等（耕作の目的で農地につき賃借権又は地上権が設定されている場合の借賃又は地代（その賃借権又は地上権の設定に付随して、農地以外の土地についての賃借権若しくは地上権又は建物その他の工作物についての賃借権が設定され、その借賃又は地代と農地の借賃又は地代とを分けることができない場合には、その農地以外の土地又は工作物の借賃又は地代を含む。）及び農地につき永小作権が設定されている場合の小作料をいう。以下同じ。）の額が農産物の価格若しくは生産費の上昇若しくは低下その他の経済事情の変動により又は近傍類似の農地の借賃等の額に比較して不相当となつたときは、契約の条件にかかわらず、当事者は、将来に向かつて借賃等の額の増減を請求することができる。ただし、一定の期間借賃等の額を増加しない旨の特約があるときは、その定めに従う。

2　借賃等の増額について当事者間に協議が調わないときは、その請求を受けた者は、増額を正当とする裁判が確定するまでは、相当と認める額の借賃等を支払うことをもつて足りる。ただし、その裁判が確定した場合において、既に支払つた額に不足があるときは、その不足額に年10パーセントの割合による支払期後の利息を付してこれを支払わなければならない。

3　借賃等の減額について当事者間に協議が調わないときは、その請求を受けた者は、減額を正当とする裁判が確定するまでは、相当と認める額の借賃等の支払を請求することができる。ただし、その裁判が確定した場合において、既に支払を受けた額が正当とされた借賃等の額を超えるときは、その超過額に年10パーセントの割合による受領の時からの利息を付してこれを返還しなければならない。

（契約の文書化）

第21条　農地又は採草放牧地の賃貸借契約については、当事者は、書面によりその存続期間、借賃等の額及び支払条件その他その契約並びにこれに付随する契約の内容を明らかにしなければならない。

　　　　第4章　遊休農地に関する措置

（措置命令）

第42条　市町村長は、第32条第1項各号のいずれかに該当する農地における病害虫の発生、土石その他これに類するものの堆積その他政令で定める事由により、当該農地の周辺の地域における営農条件に著しい支障が生じ、又は生ずるおそれがあると認める場合には、必要な限度において、当該農地の所有者等に対し、

期限を定めて、その支障の除去又は発生の防止のために必要な措置（以下この条において「支障の除去等の措置」という。）を講ずべきことを命ずることができる。

2　前項の規定による命令をするときは、農林水産省令で定める事項を記載した命令書を交付しなければならない。

3　市町村長は、第1項に規定する場合において、次の各号のいずれかに該当すると認めるときは、自らその支障の除去等の措置の全部又は一部を講ずることができる。この場合において、第2号に該当すると認めるときは、相当の期限を定めて、当該支障の除去等の措置を講ずべき旨及びその期限までに当該支障の除去等の措置を講じないときは、自ら当該支障の除去等の措置を講じ、当該措置に要した費用を徴収する旨を、あらかじめ、公告しなければならない。

一　第1項の規定により支障の除去等の措置を講ずべきことを命ぜられた農地の所有者等が、当該命令に係る期限までに当該命令に係る措置を講じないとき、講じても十分でないとき、又は講ずる見込みがないとき。

二　第1項の規定により支障の除去等の措置を講ずべきことを命じようとする場合において、相当な努力が払われたと認められるものとして政令で定める方法により探索を行つてもなお当該支障の除去等の措置を命ずべき農地の所有者等を確知することができないとき。

三　緊急に支障の除去等の措置を講ずる必要がある場合において、第1項の規定により支障の除去等の措置を講ずべきことを命ずるいとまがないとき。

4　市町村長は、前項の規定により同項の支障の除去等の措置の全部又は一部を講じたときは、当該支障の除去等の措置に要した費用について、農林水産省令で定めるところにより、当該農地の所有者等に負担させることができる。

5　前項の規定により負担させる費用の徴収については、行政代執行法（昭和23年法律第43号）第5条及び第6条の規定を準用する。

第5章　雑則

（違反転用に対する処分）

第51条　都道府県知事等は、政令で定めるところにより、次の各号のいずれかに該当する者（以下この条において「違反転用者等」という。）に対して、土地の農業上の利用の確保及び他の公益並びに関係人の利益を衡量して特に必要があると認めるときは、その必要の限度において、第4条若しくは第5条の規定によつてした許可を取り消し、その条件を変更し、若しくは新たに条件を付し、又は工事その他の行為の停止を命じ、若しくは相当の期限を定めて原状回復その

他違反を是正するため必要な措置（以下この条において「原状回復等の措置」という。）を講ずべきことを命ずることができる。

一　第4条第1項若しくは第5条第1項の規定に違反した者又はその一般承継人

二　第4条第1項又は第5条第1項の許可に付した条件に違反している者

三　前2号に掲げる者から当該違反に係る土地について工事その他の行為を請け負つた者又はその工事その他の行為の下請人

四　偽りその他不正の手段により、第4条第1項又は第5条第1項の許可を受けた者

2　前項の規定による命令をするときは、農林水産省令で定める事項を記載した命令書を交付しなければならない。

3　都道府県知事等は、第1項に規定する場合において、次の各号のいずれかに該当すると認めるときは、自らその原状回復等の措置の全部又は一部を講ずることができる。この場合において、第2号に該当すると認めるときは、相当の期限を定めて、当該原状回復等の措置を講ずべき旨及びその期限までに当該原状回復等の措置を講じないときは、自ら当該原状回復等の措置を講じ、当該措置に要した費用を徴収する旨を、あらかじめ、公告しなければならない。

一　第1項の規定により原状回復等の措置を講ずべきことを命ぜられた違反転用者等が、当該命令に係る期限までに当該命令に係る措置を講じないとき、講じても十分でないとき、又は講ずる見込みがないとき。

二　第1項の規定により原状回復等の措置を講ずべきことを命じようとする場合において、相当な努力が払われたと認められるものとして政令で定める方法により探索を行つてもなお当該原状回復等の措置を命ずべき違反転用者等を確知することができないとき。

三　緊急に原状回復等の措置を講ずる必要がある場合において、第1項の規定により原状回復等の措置を講ずべきことを命ずるいとまがないとき。

4　都道府県知事等は、前項の規定により同項の原状回復等の措置の全部又は一部を講じたときは、当該原状回復等の措置に要した費用について、農林水産省令で定めるところにより、当該違反転用者等に負担させることができる。

5　前項の規定により負担させる費用の徴収については、行政代執行法第5条及び第6条の規定を準用する。

（指示及び代行）

第58条　農林水産大臣は、この法律の目的を達成するため特に必要があると認めるときは、この法律に規定する農業委員会の事務（第63条第1項第2号から第5号まで、第7号から第11号まで、第13号、第14号、第16号、第17号、第20号及び第

21号並びに第2項各号に掲げるものを除く。）の処理に関し、農業委員会に対し、必要な指示をすることができる。

2　農林水産大臣は、この法律の目的を達成するため特に必要があると認めるときは、この法律に規定する都道府県知事又は指定市町村の長の事務（第63条第1項第2号、第6号、第8号、第12号及び第18号から第20号までに掲げるものを除く。次項において同じ。）の処理に関し、都道府県知事又は指定市町村の長に対し、必要な指示をすることができる。

3　農林水産大臣は、都道府県知事又は指定市町村の長が前項の指示に従わないときは、この法律に規定する都道府県知事又は指定市町村の長の事務を処理することができる。

4　農林水産大臣は、前項の規定により自ら処理するときは、その旨を告示しなければならない。

（事務の区分）

第63条　この法律の規定により都道府県又は市町村が処理することとされている事務のうち、次の各号及び次項各号に掲げるもの以外のものは、地方自治法第2条第9項第1号に規定する第1号法定受託事務とする。

　一　第3条第4項の規定により市町村が処理することとされている事務（同項の規定により農業委員会が処理することとされている事務を除く。）

　二　第4条第1項、第2項及び第8項の規定により都道府県等が処理することとされている事務（同一の事業の目的に供するため4ヘクタールを超える農地を農地以外のものにする行為に係るものを除く。）

　三　第4条第3項の規定により市町村が処理することとされている事務（意見を付する事務に限る。）

　四　第4条第3項の規定により市町村（指定市町村に限る。）が処理することとされている事務（申請書を送付する事務（同一の事業の目的に供するため4ヘクタールを超える農地を農地以外のものにする行為に係るものを除く。）に限る。）

　五　第4条第4項及び第5項（これらの規定を同条第10項において準用する場合を含む。）の規定により市町村が処理することとされている事務

　六　第4条第9項の規定により都道府県等が処理することとされている事務（意見を聴く事務（同一の事業の目的に供するため4ヘクタールを超える農地を農地以外のものにする行為に係るものを除く。）に限る。）

　七　第4条第9項の規定により市町村が処理することとされている事務（意見を述べる事務に限る。）

八　第5条第1項及び第4項の規定並びに同条第3項において準用する第4条第2項の規定により都道府県等が処理することとされている事務（同一の事業の目的に供するため4ヘクタールを超える農地又はその農地と併せて採草放牧地について第3条第1項本文に掲げる権利を取得する行為に係るものを除く。）

九　第5条第3項において準用する第4条第3項の規定により市町村が処理することとされている事務（意見を付する事務に限る。）

十　第5条第3項において準用する第4条第3項の規定により市町村（指定市町村に限る。）が処理することとされている事務（申請書を送付する事務（同一の事業の目的に供するため4ヘクタールを超える農地又はその農地と併せて採草放牧地について第3条第1項本文に掲げる権利を取得する行為に係るものを除く。）に限る。）

十一　第5条第3項において読み替えて準用する第4条第4項及び第5項の規定並びに第5条第5項において読み替えて準用する第4条第10項において読み替えて準用する同条第4項及び第5項の規定により市町村が処理することとされている事務

十二　第5条第5項において準用する第4条第9項の規定により都道府県等が処理することとされている事務（意見を聴く事務（同一の事業の目的に供するため4ヘクタールを超える農地又はその農地と併せて採草放牧地について第3条第1項本文に掲げる権利を取得する行為に係るものを除く。）に限る。）

十三　第5条第5項において準用する第4条第9項の規定により市町村が処理することとされている事務（意見を述べる事務に限る。）

十四　第30条、第31条、第32条第1項、同条第2項から第5項まで（これらの規定を第33条第2項において準用する場合を含む。）、第33条第1項、第34条、第35条第1項、第36条及び第41条第1項の規定により市町村が処理することとされている事務

十五　第42条の規定により市町村が処理することとされている事務

十六　第43条第1項の規定により市町村（指定市町村に限る。）が処理することとされている事務（同一の事業の目的に供するため4ヘクタールを超える農地をコンクリートその他これに類するもので覆う行為に係るものを除く。）

十七　第44条の規定により市町村が処理することとされている事務

十八　第49条第1項、第3項及び第5項並びに第50条の規定により都道府県等が処理することとされている事務（第2号、第8号及び次号に掲げる事務に係るものに限る。）

十九　第51条の規定により都道府県等が処理することとされている事務（第2

号及び第8号に掲げる事務に係るものに限る。）

二十　第51条の2の規定により都道府県又は市町村が処理することとされている事務

二十一　第52条から第52条の3までの規定により市町村が処理することとされている事務

2　この法律の規定により市町村が処理することとされている事務のうち、次に掲げるものは、地方自治法第2条第9項第2号に規定する第2号法定受託事務とする。

一　第4条第1項第7号の規定により市町村（指定市町村を除く。）が処理することとされている事務（同一の事業の目的に供するため4ヘクタールを超える農地を農地以外のものにする行為に係るものを除く。）

二　第4条第3項の規定により市町村（指定市町村を除く。）が処理することとされている事務（申請書を送付する事務（同一の事業の目的に供するため4ヘクタールを超える農地を農地以外のものにする行為に係るものを除く。）に限る。）

三　第5条第1項第6号の規定により市町村（指定市町村を除く。）が処理することとされている事務（同一の事業の目的に供するため4ヘクタールを超える農地又はその農地と併せて採草放牧地について第3条第1項本文に掲げる権利を取得する行為に係るものを除く。）

四　第5条第3項において準用する第4条第3項の規定により市町村（指定市町村を除く。）が処理することとされている事務（申請書を送付する事務（同一の事業の目的に供するため4ヘクタールを超える農地又はその農地と併せて採草放牧地について第3条第1項本文に掲げる権利を取得する行為に係るものを除く。）に限る。）

五　第43条第1項の規定により市町村（指定市町村を除く。）が処理することとされている事務（同一の事業の目的に供するため4ヘクタールを超える農地をコンクリートその他これに類するもので覆う行為に係るものを除く。）

第6章　罰則

第64条　次の各号のいずれかに該当する者は、3年以下の拘禁刑又は300万円以下の罰金に処する。

一　第3条第1項、第4条第1項、第5条第1項又は第18条第1項の規定に違反した者

二　偽りその他不正の手段により、第3条第1項、第4条第1項、第5条第1項又は第18条第1項の許可を受けた者

　三　第51条第1項の規定による都道府県知事等の命令に違反した者

第65条　第49条第1項の規定による職員の調査、測量、除去又は移転を拒み、妨げ、又は忌避した者は、6月以下の拘禁刑又は30万円以下の罰金に処する。

第66条　第42条第1項の規定による市町村長の命令に違反した者は、30万円以下の罰金に処する。

第67条　法人の代表者又は法人若しくは人の代理人、使用人その他の従業者が、その法人又は人の業務又は財産に関し、次の各号に掲げる規定の違反行為をしたときは、行為者を罰するほか、その法人に対して当該各号に定める罰金刑を、その人に対して各本条の罰金刑を科する。

　一　第64条第1号若しくは第2号（これらの規定中第4条第1項又は第5条第1項に係る部分に限る。）又は第3号　1億円以下の罰金刑

　二　第64条（前号に係る部分を除く。）又は前2条　各本条の罰金刑

第69条　第3条の3の規定に違反して、届出をせず、又は虚偽の届出をした者は、10万円以下の過料に処する。

索　引

索
引

事 項 索 引

【す】

【せ】

＜著者略歴＞
宮﨑　直己（みやざき　なおき）
　　昭和26年　　岐阜県生まれ
　　昭和50年　　名古屋大学法学部法律学科卒業
　　現　　在　　弁護士

≪著書≫
　　農業委員の法律知識（新日本法規出版、平成11年）
　　基本行政法テキスト（中央経済社、平成13年）
　　判例からみた農地法の解説（新日本法規出版、平成14年）
　　交通事故賠償問題の知識と判例（技術書院、平成16年）
　　農地法概説（信山社、平成21年）
　　設例農地法入門（新日本法規出版、改訂版、平成22年）
　　交通事故損害賠償の実務と判例（大成出版社、平成23年）
　　Ｑ＆Ａ　交通事故損害賠償法入門（大成出版社、平成25年）
　　農地法の設例解説（大成出版社、平成28年）
　　判例からみた労働能力喪失率の認定（新日本法規出版、平成29年）
　　設例農地民法解説（大成出版社、平成29年）
　　農地法の実務解説（新日本法規出版、三訂版、平成30年）
　　農地事務担当者の行政法総論（大成出版社、平成31年）
　　判例メモ　逸失利益算定の基礎収入（大成出版社、令和元年）
　　農地法講義（大成出版社、三訂版、令和元年）
　　農地法読本（大成出版社、六訂版、令和3年）

農地法許可事務の要点解説

令和5年1月6日　初版発行

　　著　者　宮　﨑　直　己
　　発行者　新日本法規出版株式会社
　　代表者　星　　謙　一　郎

発　行　所　新 日 本 法 規 出 版 株 式 会 社

本　　　　社
総 轄 本 部　　（460-8455）　名古屋市中区栄 1 － 23 － 20

東 京 本 社　　（162-8407）　東京都新宿区市谷砂土原町2－6

支　　　　社　　札幌・仙台・東京・関東・名古屋・大阪・広島
　　　　　　　　高松・福岡

ホームページ　https://www.sn-hoki.co.jp/

【お問い合わせ窓口】
　新日本法規出版コンタクトセンター
　📞 0120-089-339（通話無料）
　●受付時間／ 9：00〜16：30（土日・祝日を除く）